高等职业教育机械制造类专业系列教材

机械零件的数控加工

主　编　王振华　蒋世应　楚　功
副主编　管华超　沈　涛

中国轻工业出版社

图书在版编目（CIP）数据

机械零件的数控加工/王振华，蒋世应，楚功主编．
—北京：中国轻工业出版社，2021．3
高等职业教育机械制造类专业系列教材
ISBN 978-7-5184-3092-5

Ⅰ．①机… Ⅱ．①王…②蒋…③楚… Ⅲ．①机械元件-数控机床-加工-高等职业教育-教材 Ⅳ．①TG659

中国版本图书馆 CIP 数据核字（2020）第 130611 号

责任编辑：张文佳　宋　博
策划编辑：张文佳　　责任终审：张乃柬　　封面设计：锋尚设计
版式设计：霸　州　　责任校对：吴大鹏　　责任监印：张　可

出版发行：中国轻工业出版社（北京东长安街 6 号，邮编：100740）
印　　刷：三河市国英印务有限公司
经　　销：各地新华书店
版　　次：2021 年 3 月第 1 版第 1 次印刷
开　　本：787×1092　1/16　印张：10.5
字　　数：250 千字
书　　号：ISBN 978-7-5184-3092-5　定价：35.00 元
邮购电话：010-65241695
发行电话：010-85119835　　传真：85113293
网　　址：http://www.chlip.com.cn
Email：club@chlip.com.cn
如发现图书残缺请与我社邮购联系调换
200196J2X101ZBW

[前言]
PREFACE

制造业是我国的支柱产业，数控技术又是现代制造技术的基础与核心，它的广泛应用，使整个制造业发生了根本性的变化。数控技术水平的高低，数控设备的质量高低和数量多少，以及数控技术的普及程度，是衡量一个国家工业现代化水平的重要标志，也是衡量广大中、高等工科职业院校办学水平的重要指标之一。为推动高职高专机械类教学的发展，培养与我国现代化建设相适应的、在机械制造业中从事技术应用的一体化人才，编者根据教育部《关于全面提高高等职业教育教学质量的若干意见》的指导思想，按照高职教育工学结合的人才培养模式，基于工作过程的教学思想编写了本书。

本书的编写贯穿“以职业标准为依据，以企业需求为导向，以职业能力为核心”的理念，通过项目驱动教学法把数控机床的操作、编程和工艺有机地融合在各个项目中。每个项目都提出明确的学习目标、工作任务及要求来引领整个学习过程。项目中的相关知识以技术实践知识为焦点，以技术理论知识为背景，达到提高岗位职业能力的目的。

教材包括数控车床的认识、数控车床的加工准备、简单阶梯轴零件加工、复杂轴类零件加工、孔轴配合件的加工、二次曲面零件加工六个数控车削的加工项目。每个项目又分为几个任务，并附有思考与练习题。本教材能满足在校课堂教学、现场教学、数控仿真、数控实训、考证强化训练、校外顶岗实习、技术查询与参考等各个教学项目使用。

本书由宜宾职业技术学院王振华、蒋世应、楚功主编，项目 1 由管华超和沈涛编写，项目 2 由楚功和严瑞强编写，项目 3 由管华超和张信禹编写，项目 4 由楚功和串俊刚编写，项目 5 由蒋世应和刘蜀编写，项目 6 由蒋世应和王海珠编写。

本教材在编写过程中，参阅了大量的相关文献资料，在此向有关作者表示衷心感谢。由于时间仓促，且水平有限，不足之处恳请读者指正并提出宝贵的意见。

编者

[目 录]
CONTENTS

项目1 数控车床的认识

CHAPTER 1

【学习目标】

完成本学习任务后，你应当能：

◆ 了解数控车床相关概念及发展历史。

◆ 掌握数控铣床、加工中心的组成及分类。

◆ 能够区分不同的车床类型。

◆ 掌握数控车床面板各区功能。

◆ 掌握常用功能键的功用。

◆ 能够区分不同的车床类型。

◆ 掌握数控车床操作规程要点。

◆ 能完成数控车床的日常保养。

◆ 树立安全操作意识。

建议完成本学习任务为 12 课时。

【项目导读】

了解数控车床的组成和分类，掌握各部分的功能和作用，对于操作和维护数控车床是非常重要的；熟悉数控车床的控制面板，牢记各功能键的作用和使用方法是正确操作数控车床的必备知识；了解数控车床安全操作规程，掌握数控车床维护保养的关键点，对于保证加工生产效率和延长车床寿命很重要。通过本项目的学习，学生应领会数控车床的基本工作过程、熟知数控车床的种类和组成、掌握数控车床的基本操作，能够完成数控车床的日常保养和维护。

任务 1.1 数控车床概述

【任务目标】

【知识目标】

1）了解数控车床相关概念。

2）掌握数控车床的组成及分类。

【能力目标】

1）能够区分不同的车床类型。

2）能说出数控车床组成。

3）了解数控车床的组成和分类，为后续数控车床的操作和编程做好准备。

【知识链接】

1.1.1 数控车床的概念

数控车床是用计算机数字化信号控制的车床。操作时将编制好的加工程序输入车床专用的计算机中，再由计算机指挥车床各坐标轴的伺服驱动装置去控制车床各部件运动的先后顺序、速度和移动量，并与选定的主轴转速相配合，车出各种形状不同的工件。数控车床上零件的加工过程如图 1-1 所示。

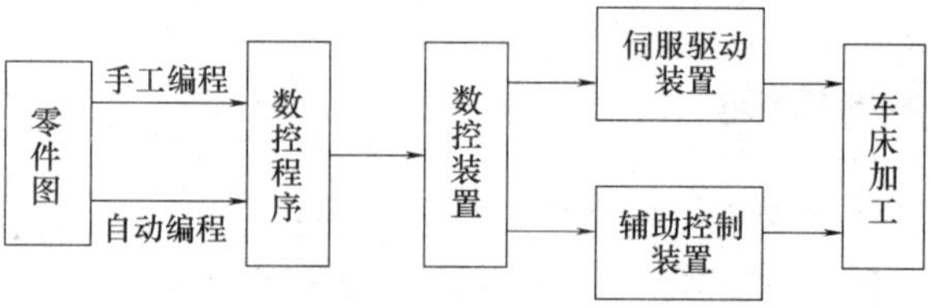

图 1-1 数控车床上零件加工过程

1.1.2 数控车床组成

1）程序载体（控制介质）：将程序以一定格式和代码存储在一种载体上，如磁盘、磁带、穿孔纸带等。

2）输入装置：将程序载体内待加工的信息输入到数控系统的装置。

3）数控装置：数控车床的核心，由专用计算机、输入输出接口及车床控制器等组成。

4）伺服系统：数控车床的执行机构，作用是把来自数控装置的信号转化为车床移动部件的运动，其性能影响车床加工精度、零件表面质量及生产率。

5）车床本体：完成各种切削加工的机械部分。

数控车床组成如表 1-1 所示。

表 1-1 数控车床的组成

序号	组成部分	说　明	图　示
1	车床主体	目前大部分数控车床均已专门设计并定型生产。车床主体包括主轴箱、床身、导轨、刀架、尾座、进给机构等	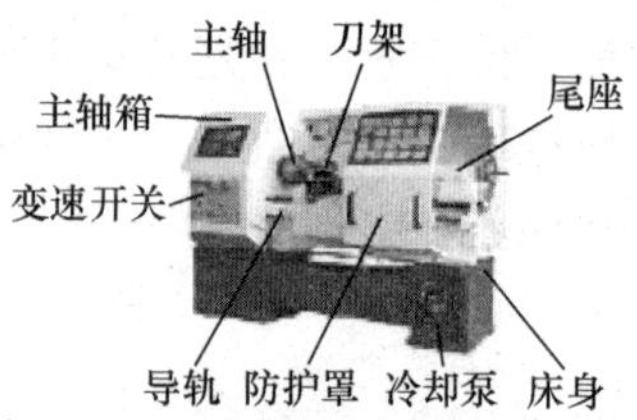
2	控制部分	数控车床的控制核心，由各种数控系统完成对数控车床的控制	 数控系统

续表

序号	组成部分	说　　明	图　　示
3	驱动部分	驱动部分是数控车床执行机构的驱动部件，包括主轴电动机和进给伺服电动机	 主轴变频电动机  伺服电动机
4	辅助部分	数控车床的一些配套部件，包括液压装置、气动装置、冷却系统、润滑系统、自动清屑器等	 冷却系统  润滑系统

1.1.3　数控车床分类

数控车床按不同方式分有不同的种类，现按所配置的数控系统、数控车床功能、主轴配置形式、控制方式分有以下几类。

1.1.3.1　按数控系统分类

目前工厂常用数控系统有：FANUC 数控系统、SIEMENS 数控系统、华中数控系统、广州数控系统、三菱数控系统等。每一种数控系统又有多种型号。如：FANUC 系统从 0i 到 23i；SIEMENS 系统从 SINUMERIK 802S、802C 到 802D、810D、840D 等。各种数控系统指令各不相同，同一系统不同型号，其数控指令也略有差别，使用时应以数控系统说明书指令为准。本书以 FANUC 0i Mate -TC 系统和 SINUMERIK 802S/C 系统为例。

1.1.3.2　按数控车床的功能分类

按数控车床的功能分，数控车床可分为经济型数控车床、普通数控车床和加工中心三大类。

（1）经济型数控车床

经济型数控车床是在卧式车床基础上进行改进设计的，一般采用步进电动机驱动的开环伺服系统，其控制部分通常采用单板机或单片机。经济型数控车床成本较低，自动化程度和功能都比较差，车削加工精度也不高，适用于要求不高的回转类零件的车削加工。

（2）普通数控车床

根据车削加工要求，在结构上进行专门设计并配备通用数控系统而形成的数控车床。数控系统功能强，自动化程度和加工精度也比较高，可同时控制两个坐标轴，即 X 轴和 Z 轴，应用较广，适用于一般回转类零件的车削加工。

（3）加工中心

在普通数控车床的基础上，增加了 C 轴和动力头，更高级的数控车床带有刀库，可控制 X、Z 和 C 三个坐标轴，联动控制轴可以是（X、Z）、（X、C）或（Z、C）。由于增加了 C 轴和铣削动力头，这种数控车床的加工功能大大增强，除可以进行一般车削外，还可以进行径向和轴向铣削、曲面铣削、中心线不在零件回转中心的孔和径向孔的钻削等加工。

1.1.3.3 按车床主轴配置形式分类

按车床主轴配置形式分，数控车床有立式数控车床、卧式数控车床两种。

（1）立式数控车床

立式数控车床主轴处于垂直位置，有一个直径很大的圆形工作台，供装夹工件，主要用于加工径向尺寸大、轴向尺寸相对较小的大型复杂零件。

（2）卧式数控车床

卧式数控车床主轴轴线处于水平位置，生产中使用较多，常用于加工径向尺寸较小的轴类、盘类、套类复杂零件。它又有水平导轨式和倾斜导轨式两种。水平导轨式用于一般数控车床、经济型数控车床。

1.1.3.4 按控制方式分类

按控制方式分，数控车床可分为开环控制系统、半闭环控制系统和闭环控制系统的数控车床三大类。

（1）开环控制系统的数控车床

开环控制系统的数控车床是指不带反馈装置的数控车床。进给伺服系统采用步进电动机，数控系统每发出一个指令脉冲，经驱动电路功率放大后，驱动步进电动机旋转一个角度，然后经过减速齿轮和丝杆螺母机构，转换为刀架的直线移动，系统信息流是单向的，如图 1-2 所示是开环控制系统框图。

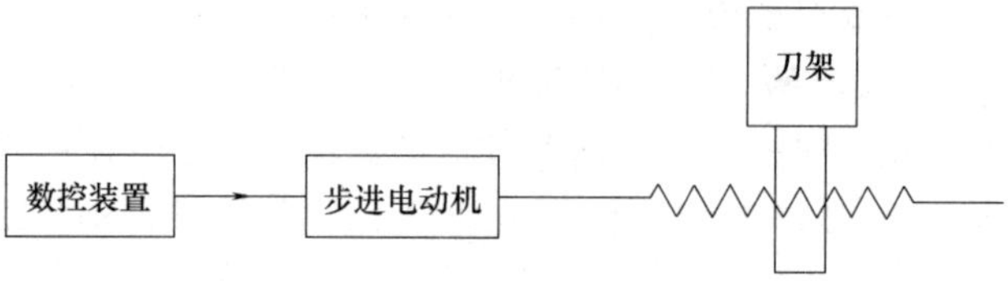

图 1-2 开环控制系统

开环控制系统的数控车床不具有反馈装置，对移动部件实际位移量的测量不能与原指令值进行比较，也不能进行误差校正，因此系统精度低，但因其结构简单、成本低、技术容易掌握，故在中、小型控制系统的经济型数控车床中得到应用，尤其适用于旧车床改造的简易数控车床中。

（2）半闭环控制系统的数控车床

半闭环控制系统的数控车床，在伺服机构中装有角位移检测装置，通过检测伺服机构的滚珠丝杠转角间接测量移动部件的位移，然后反馈到数控装置中，与输入原指令位移值进行比较，用比较后的差值进行控制，以弥补移动部件位移，直至差值消除。由于丝杠螺母机构不包括在闭环之内，所以丝杠螺母机构的误差仍然会影响移动部件的位移精度，如图 1-3 所示为半闭环控制系统框图。

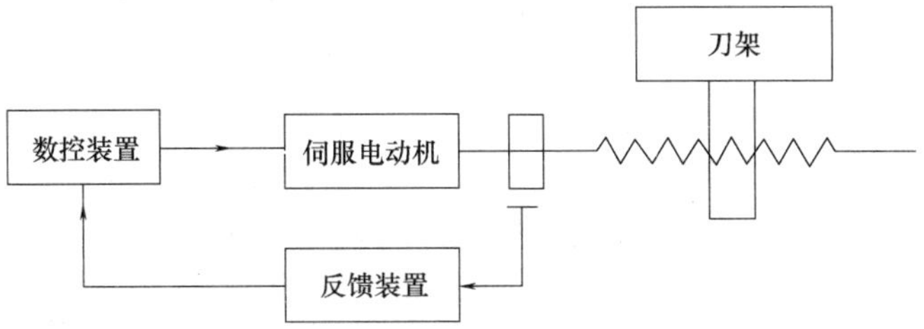

图 1-3 半闭环控制系统

半闭环控制系统的数控车床采用伺服电动机，结构简单、工作稳定、使用维修方便，目前应用比较广泛。

（3）闭环控制系统的数控车床

闭环控制系统的数控车床在车床移动部件位置上直接装有直线位置检测装置，将检测到的实际位移反馈到数控装置中，与输入的原指令位移值进行比较，用比较后的差值控制移动部件做补充位移，直至差值消除，达到精度要求。如图 1-4 所示为闭环控制系统框图。

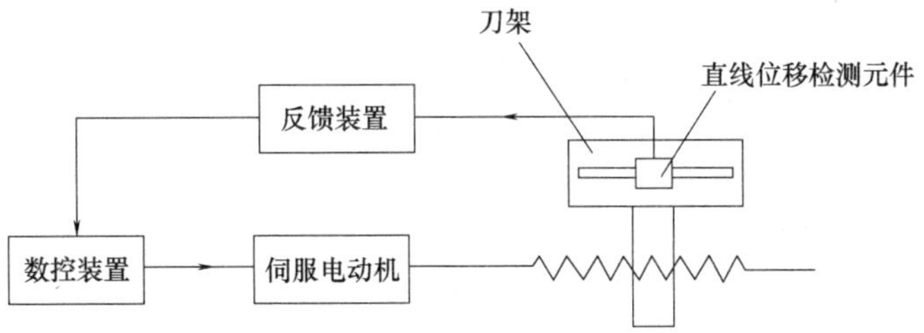

图 1-4 闭环控制系统

闭环控制系统数控车床的优点是精度高（一般可达 0.01mm，最高可达 0.001mm），但结构复杂、维修困难、成本高，用于加工精度要求很高的场合。

除此之外，数控车床还可按刀架数量分为单刀架数控车床和双刀架数控车床；按加工零件基本类型分为卡盘式夹紧数控车床和顶尖式夹紧数控车床；按控制轴数可分为两轴控制的数控车床、四轴控制的数控车床等。

数控车床加工总特点：生产柔性大、加工精度高、生产效率高、劳动强度低、经济效益好。

【任务作业】

1. 数控车床适于（　　）生产。

A. 大型零件　　　　B. 小型高精密零件

C. 中小批量复杂形体零件　　D. 大批量零件

2. 闭环控制系统的检测装置装在（　　）。

A. 电机轴或丝杠轴端　　B. 车床工作台上

C. 刀具主轴上　　D. 工件主轴上

3. FMS 是指（　　）。

A. 自动化工厂　　B. 计算机数控系统

C. 柔性制造系统　　D. 数控加工中心

4. 数控系统的核心是（　　）。

A. 伺服装置　　B. 数控装置　　C. 反馈装置　　D. 检测装置

5. 按伺服系统的控制方式分类，数控车床的步进驱动系统是（　　）数控系统。

A. 开环　　B. 半闭环　　C. 全闭环

6. 开环控制系统与闭环控制系统的主要区别在于数控车床上装有（　　）。

A. 反馈系统　　B. 适应控制器

C. 带有传感器的伺服电机　　D. 传感器

7. 下列车床中，属于点位数控车床的是（　　）。

A. 数控钻床　　B. 数控铣床　　C. 数控磨床　　D. 数控车床

8. FMC 是指（　　）。

A. 自动化工厂　　B. 计算机数控系统　　C. 柔性制造单元　　D. 数控加工中心

9. 数控系统中 CNC 的中文含义是（　　）。

A. 计算机数字控制　　B. 工程自动化　　C. 硬件数控　　D. 计算机控制

10. 数控车床四轴三联动的含义是（　　）。

A. 四轴中只有三个轴可以运动

B. 有四个控制轴，其中任意三轴可以联动

C. 数控系统能控制车床四轴运动，其中三个轴能联动

11. 中央处理器主要包括（　　）。

A. 内存储器和控制器　　B. 内存储器和运算器

C. 控制器和运算器　　D. 存储器、控制器和运算器

12. 加工中心控制系统属于（　　）。

A. 点位控制系统　　B. 直线控制系统　　C. 轮廓控制系统　　D. 位移控制系统

任务 1.2　数控车床的面板功能

【任务目标】

【知识目标】

1）掌握数控车床面板各区功能。

2）掌握常用功能键的功用。

【能力目标】

1）能进行车床面板、MDI 面板操作。

2）掌握数控车床的面板功能，是数控车床操作和编程的基础。

【知识链接】

1.2.1　系统操作面板介绍

如图 1-5 所示为 FANUC 0i 数控操作面板。在车床操作面板上置光标于旋钮上，点击鼠标左键，旋钮逆时针转动；点击鼠标右键，旋钮顺时针转动，进行模式切换。

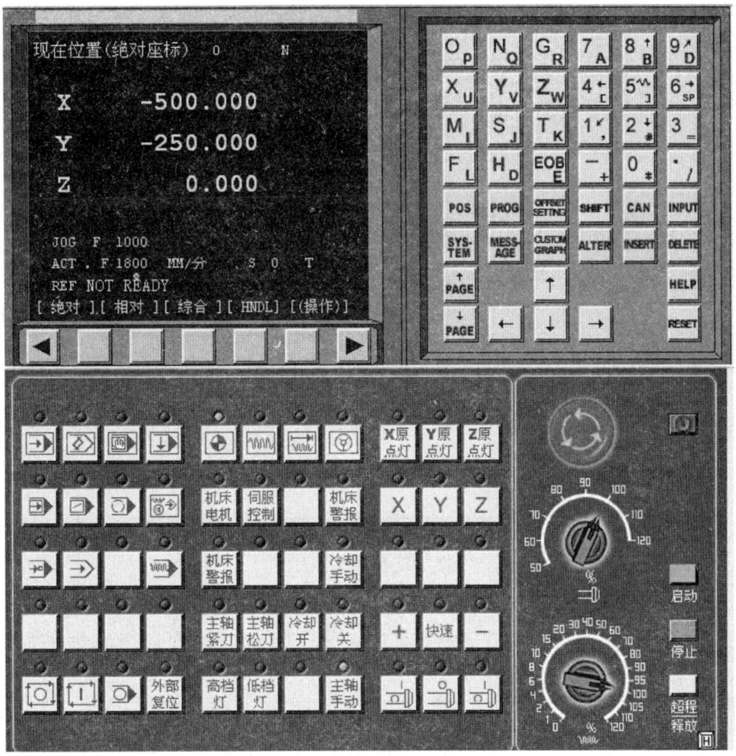

图 1-5　FANUC 0i 数控面板

如图 1-6 所示，数字/字母键用于输入数据到输入区域，系统自动判别取字母还是取数字。字母和数字键通过（上挡）键切换输入，如：O—P，7—A。除了数字/字母键外，系统面板上还有很多功能键，主要用来切换工作方式、完成程序编辑、系统参数输入以及系统功能复位等。各功能作用如表 1-2 所示。

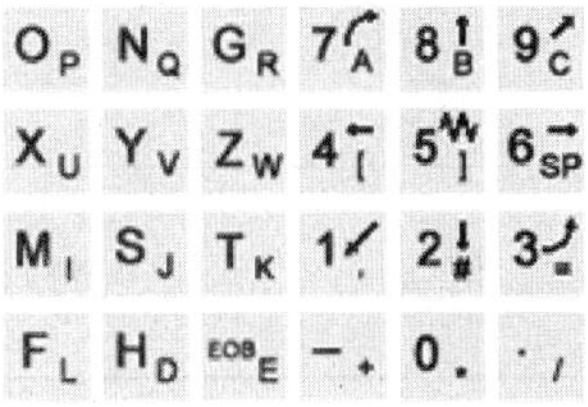

图 1-6　数字/字母键

表 1-2　　功能键作用一览表

按　键	名　称	功 能 说 明
	位置显示键	显示坐标位置画面
	程序键	显示程序画面

续表

按　　键	名　　称	功能说明
OFS/SET	参数输入键	显示刀偏或设定(SETTING)画面
MESSAGE	报警信息键	显示报警信息画面
SHIFT	切换键	用于上、下字母的切换
CAN	取消键	用于取消输入区域内的数据
INPUT	输入键	用于修改参数等操作
ALTER	替换键	用输入的数据替代光标所在位置的数据
INSERT	插入键	输入程序和把输入区域中的数据插入到当前光标所在位置之后的位置
DELETE	删除键	删除光标所在位置的数据或程序
HELP	帮助键	用于查看帮助信息
RESET	复位键	在自动方式下终止当前加工程序、车床的所有动作停止和取消部分报警
PAGE↑ PAGE↓	翻页键	向上或向下翻页
← ↑ → ↓	光标移动键	向上、下、左、右移动光标
EOB E	换行键	分号“;”,用于程序段的结束或换行

1.2.2 开、关机操作

(1) 开机

操作步骤：

打开车床总电源开关，接通车床电源（电源开关一般在车床左侧，顺时针旋转90°)→按下面板上的“系统启动”开关，系统通电，CRT 显示初始页面。系统进行自检查状态→打开“急停”开关，并按“复位”键解除报警。系统进入待机状态，可以进行操作。

注意：

系统在启动过程中，不能按到面板上的任何一个按键，否则会引起意想不到的运动并带来危险。

关机重新启动系统时，为了让伺服系统充分放电，关机时间不能少于1min，不要连续短时间内频繁开关机。

如果开机后车床报警，应检查急停开关是否打开，或是超程。如果超程，则用手摇方式向超程相反的方向移动刀架，并离开参考点一定的距离，解除报警。

（2）关机

操作步骤：

按“复位”键复位系统→按下“急停”开关，以减少电流对系统硬件的冲击→按下车床面板上的“系统停止”开关，让系统断电→关闭车床总电源（逆时针旋转车床左侧的电源开关）。

1.2.3　回参考点

开机后，必须首先进行回参考点（回零）操作。具有断电记忆功能绝对编码器的车床不用进行回参考点操作。

回参考点的目的：建立车床坐标系（以车床原点为坐标原点建立起来的直角坐标系）。

1）按下“回零”键，然后按“+X”键，刀架向 X 轴正方向移动，CRT 上坐标参数显示变化。待 X 轴回零指示灯亮了，表明该轴已回到参考点。

2）待 X 轴回零指示灯亮后，方可按下“+Z”键，刀架向 Z 轴正方向移动，CRT 上坐标参数显示变化。待 Z 轴回零指示灯亮了，表明该轴已回到参考点。

3）回参考点结束后，方可进行其他操作。

注意：

不回参考点车床会产生意想不到的运动，发生碰撞及伤害事故。车床开机重启后必须立即进行回参考点操作。当进行车床锁住、图形演示、空运行操作后，必须重新进行回参考点操作。

为了保证安全，回参考点时必须先回“+X”，再回“+Z”；如果先回“+Z”则可能导致刀架电机与尾座发生碰撞。

回参考点时，如果刀架本来就接近参考点位置时，应该用手摇方式，用手轮把刀架往负方向移一段距离，开机后如果两个坐标都处于参考点位置时，仍然按“回零”键会使车床坐标碰到正限位开关，车床会报警。

1.2.4 手动方式

(1) 刀架连续或点运行

操作步骤:

1) 按"手动"键,进入手动运行方式。分别按"-X""+X""-Z""+Z"键,可以使刀架按相应的方向运动。运动速度的快慢可以通过"进给倍率"开关调节,倍率从0~150%。

2) 按住"快进"开关同时分别按住"-X""+X""-Z""+Z"键,则可以使刀架快速移动,移动的速度可以通过手摇倍率开关来选择,倍率有F0、25%、50%、100%。

注意:

在手动方式操作刀架移动时,应时刻注意刀架的位置,防止刀架与工件、尾座发生碰撞。

(2) 手动选刀

1) 单个选刀。在"手动"方式下,按"手动选刀"键,按下后刀座逆时针转动90°,同时换过一把刀。

2) 连续选刀。一直按住"手动选刀"键,当刀座转动到所需要的刀位时,松开按钮,即可进行连续选刀。

注意:

在刀座转动过程中,"手动选刀"指示灯是亮的,在指示灯没有熄灭之前,不能按到面板上面的任何一个按钮,否则刀架一直转动不会停。

在换刀之前必须先确认刀架转动时,刀具是否会与工件、尾座发生碰撞事故。

(3) 主轴正、反转及停止

1) 当赋以系统转速后,方可进行主轴正、反转及停止操作。

2) 按"主轴正转"键即可让主轴以规定的转速正转。

3) 按"主轴停止"键即可让主轴停止。

4) 按"主轴反转"键即可让主轴以规定的转速反转。

当赋以系统一定转速后,还可以通过"主轴倍率"开关修调主轴转速,修调范围在50%~120%。

注意:

当卡盘上未装夹工件(或毛坯)时,禁止让车床高速旋转(≤500r/min),因为卡盘没有装夹工件时,卡爪处于松动状态,当卡盘高速转动时卡爪可能会因为离心力而脱离卡盘飞出。

启动主轴前,必须确认工件是否夹紧,以免主轴转动时,工件飞出发生事故。

当主轴在正转时,不能直接按"主轴反转",应先让主轴停止再按。

1.2.5 手轮方式

刀架的运动可以通过手轮来实现。在微动、对刀、精确移动刀架等操作中使用此功能。通过“X手摇”“Z手摇”选择要移动的轴，通过手摇脉冲发生器的转动使刀架移动。

操作步骤：

1）按下“X手摇”或“Z手摇”键，选择合适的倍率，转动手轮则刀架移动，移动的方向靠手轮的转动方向控制，顺时针旋转手轮，坐标轴向正方向移动；逆时针旋转手轮，刀架向负方向移动。

2）移动速度的快慢可以通过面板上“F0”“25%”“50%”“100%”四个倍率按键选择：

选择“F0”时，手轮每转动一格相应的坐标轴移动0.001mm；

选择“25%”时，手轮每转动一格相应的坐标轴移动0.01mm；

选择“50%”时，手轮每转动一格相应的坐标轴移动0.1mm；

选择“100%”时，手轮每转动一格相应的坐标轴移动1mm。

注意：

用手摇时动作要轻柔，并注意观察刀架的运动位置。当需要微动时，不要直接转动手柄，而是应该通过手轮外圈控制运动速度。

1.2.6 MDI方式

MDI方式也称为数据输入方式。它具有从操作面板输入一个程序段或指令并执行该程序段或指令的功能。常用于启动主轴、换到、对刀等操作中。

操作步骤：

按下“MDI”键，再按“程序”键进入程序页面，面板上显示“O0000”程序名；

输入所需要执行的程序段，按“循环启动”后就可以运行所输入的程序。

注意：

MDI方式中的程序不能储存。MDI方式中输入得到程序可以用“单段方式”执行。

例：在MDI方式下使主轴正转，转速为500r/min。

操作：在MDI方式下，按“程序”键，输入“;”换行，然后输入“M03 S500;”，输完后把光标移到程序名上，按下“循环启动”键，这时如果转速倍率开关在“100%”挡，主轴就以500r/min的速度正转。

1.2.7 编辑方式

在编辑方式下，可以对程序进行编辑和修改。

(1) 新建程序

操作步骤：

1) 按“编辑”键，进入编辑方式。

2) 按“程序”键，输入新程序名，如“O7788”，按“插入”键，屏幕上显示输入的程序名。按“EOB”键→“插入”键，屏幕上显示换行，依次往下输入程序即可，输完一段程序后要按“EOB”键换行。

注意：

输入的程序名如果与内存中的程序名重复，则会产生报警。

(2) 编辑程序

1) 按“取消”键，可以取消输入区域内的内容。

2) 按“删除”键，可以删除屏幕上光标所在位置的内容。

3) 在输入区域内输入内容，按“替换”键，可以替换屏幕上光标所在位置的内容。

(3) 调用内存中的程序

操作步骤：

在编辑方式下，按“程序”键，直至出现加工程序列表页面。通过“翻页”键进行翻页，查找系统中储存着的所有程序，输入所要选择的程序名，如“O0001”，按“检索”软键或方向键“向下”键，该程序就会在屏幕上显示。

(4) 删除程序

1) 删除一个程序：将系统中无用的程序删除，以释放系统内存空间。

操作步骤：在编辑方式下，按“程序”键，进入程序名显示页面。输入所要删除的程序名，如“O0001”，按“删除”键，则该程序被删除。

2) 删除所有程序：删除系统内存中的所有程序。

操作步骤：在编辑方式下，按“程序”键，输入“O-9999”，按“删除”键即可删除系统内存中的所有程序。

【知识拓展】

1.2.8 华中数控车床操作面板（图 1-7）

1.2.8.1 功能菜单

在显示器的下方有十个功能按键，从“F1”到“F10”（相当于 FANUC 系统中的软键），通过这十个功能按键，可完成对系统操作界面中菜单命令的操作，系统操作界面中菜单命令由主菜单和子菜单构成，所有主菜单和子菜单命令都能通过功能按键“F1”～“F10”来进行操作。主菜单分别是：F1 为“自动加工”、F2 为“程序编辑”、F3 为“参数”、F4 为“MDI”、F5 为“PLC”、F6 为“故障诊断”、F7 为“设置毛坯大小”、F9 为“显示方式”。每一个主菜单下分别有若干个子菜单。

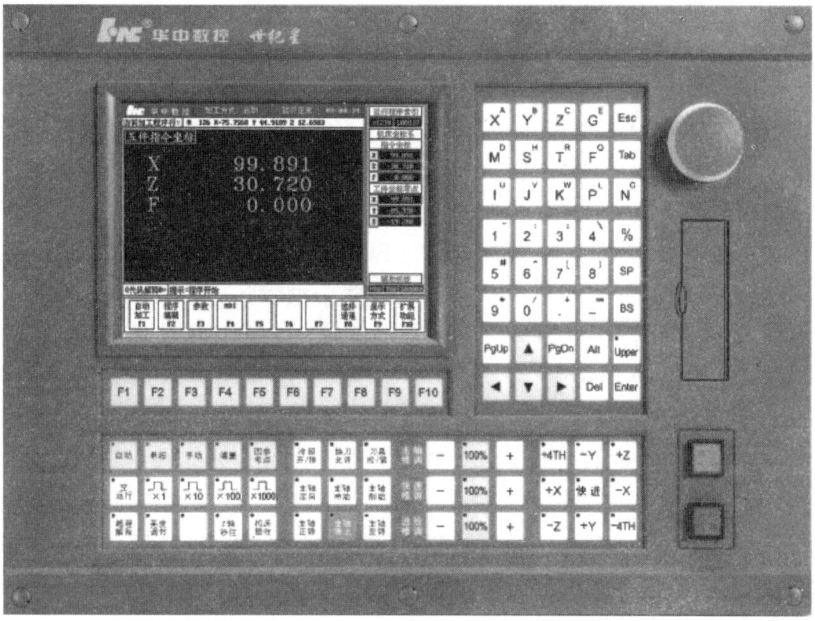

图 1-7　华中世纪星车床数控系统的操作面板

1.2.8.2　NC 键盘

NC 键盘用于零件程序的编制、参数输入、MDI 及系统管理操作等，见图 1-8。

1）“Esc”键：按此键可取消当前系统界面中的操作。

2）“Tab”键：按此键可跳转到下一个选项。

3）“SP”键：按此键光标向后移并空一格。

4）“BS”键：按此键光标向前移并删除前面字符。

5）“Upper”键：上挡键。按下此键后，上挡功能有效，这时可输入“字母”键与“数字”键右上角的小字符。

6）“Enter”键：回车键，按此键可确认当前操作。

7）“Alt”键：替换键，也可与其他字母键组成快捷键。

8）“DEL”键：按此键可删除当前字符。

9）“PgDn”键与“PgUp”键：向后翻页与向前翻页。

10）“▲”键、“▼”键、“◀”键与“▶”键：按这四个键可使光标上、下、左、右移动。

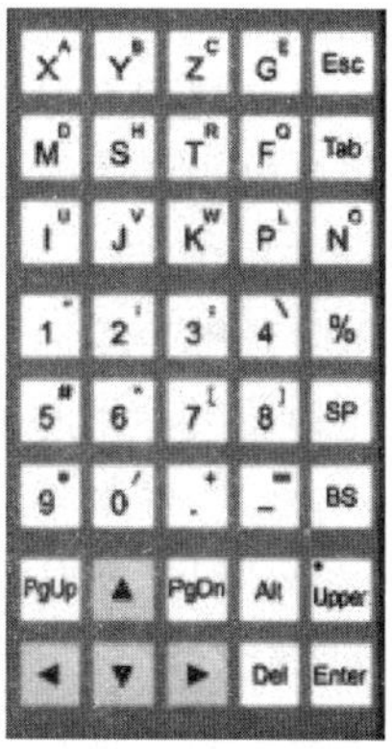

图 1-8　NC 键盘

11）“字母”键、“数字”键和“符号”键：按这些键可输入字母、数字以及其他字符，其中一些字符需要配合“Upper”键才能被输入。

1.2.8.3　车床控制面板（图 1-9）

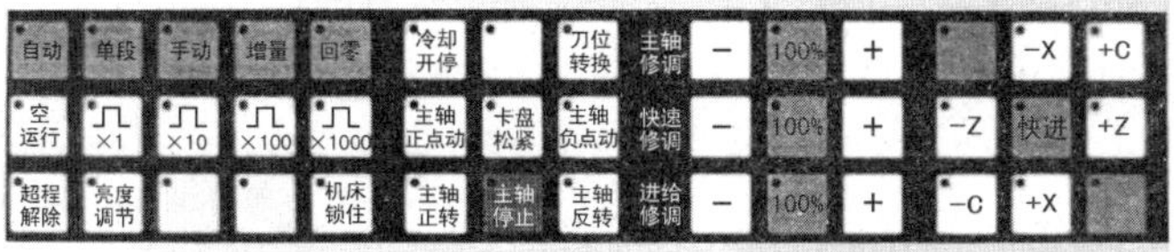

图 1-9　车床控制面板

1）方式选择按键。方式选择按键的作用是把数控车床的操作方式进行了分类，在每一种操作方式下，只能进行相应的操作。方式选择按键共有五个，分别是："自动"操作方式、"单段"操作方式、"手动"操作方式、"增量"操作方式和"回零"操作方式。

①"自动"操作方式：按此键进入自动运行方式，在自动方式下可进行连续加工工件、模拟校验加工程序、在 MDI 模式下运行指令等操作。进入自动方式后在系统主菜单下按"F1"键进入"自动加工"子菜单，再按"F1"选择要运行的程序，然后按一下"循环启动"键自动加工开始。在自动运行过程中按一下"进给保持"键程序暂停运行，进给轴减速停止，再按一下"循环启动"键，程序会继续运行。

②"单段"操作方式：在自动运行方式下按此键进入单程序段执行方式，这时按一下"循环启动"键只运行一个程序段。

③"手动"操作方式：按此键进入手动操作方式。在手动方式下通过车床操作键可进行手动换刀、移动车床各轴、手动松紧卡爪、伸缩尾座、主轴正反转、冷却开停、润滑开停等操作。

④"增量"操作方式：按此键进入增量/手轮进给方式。在增量方式下，按一下相应的坐标轴移动键或手轮摇一个刻度时，坐标轴将按设定好的增量值移动一个增量值。

⑤"回零"操作方式：按此键进入手动返回车床参考点方式。

2）"空运行"键：在自动方式下按一下"空运行"键，车床处于空运行状态，空运行状态下程序中的 F 指令被忽略，坐标轴以最大的快速移速度移动。空运行目的是校验程序的正确性，所以在实际切削时应关闭此功能，否则可能会造成危险。螺纹切削时空运行功能无效。

3）"超程解除"键：当发生超程报警时，这时"超程解除"键上的指示灯亮，系统处于紧急停止状态，这时应先松开急停按钮并把工作方式选择为手动或手轮方式，再按住"超程解除"键不放，手动把发生超程的坐标轴向相反方向退出超程状态，然后放开"超程解除"键，这时显示屏上运行状态栏显示为"运行正常"，超程状态解除。需要注意的是在移动坐标轴时要注意移动方向和移动速度，以免发生撞车事故。

4）"亮度调节"键：按此键可调节显示屏的亮度。

5）"机床锁住"键：在自动运行开始前，按下"机床锁住"键，进入车床锁住状态，在车床锁住状态运行程序时，显示屏上的坐标值发生变化，但坐标轴处于锁住状态因此不会移动。此功能用于校验程序的正确性。每次执行此功能后须再次进行回参考点操作。

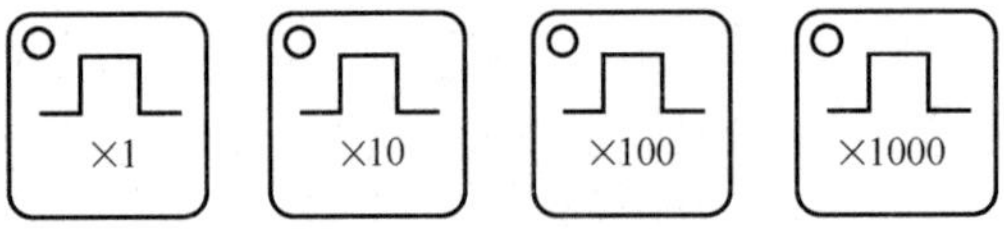

图 1-10 增量选择键

6）"增量选择"键：在增量进给和手轮进给时，要进行增量值的设置，增量值的设置是通过"增量选择"键（图 1-10）来完成的。

在增量进给时，增量值由"×1""×10""×100"和"×1000"四个增量倍率按键控制，分别对应的增量值为"0.001mm""0.01mm""0.1mm"和"1mm"。在手轮进给时，增量由"×1""×10"和"×100"三个增量倍率按键控制，分别对应的增量值为"0.001mm""0.01mm"和"0.1mm"。

7）手动控制按键。手动控制按键共有八个，分别是"冷却开停"键、"刀位转换"

键、“主轴正点动”键、“主轴负点动”键、“卡盘松紧”键、“主轴正转”键、“主轴停止”键以及“主轴反转”键。以上八个按键都需在手动方式下进行操作。

①“冷却开停”键：按此键可控制冷却液的开关。

②“刀位转换”键：按此键可使刀架转一个刀位。

③“主轴正点动”键：按此键可使主轴正向点动。

④“主轴负点动”键：按此键可使主轴反向点动。

⑤“卡盘松紧”键：按此键可控制卡盘的夹紧与松开。

⑥“主轴正转”键：按此键可使主轴正转。

⑦“主轴停止”键：按此键可使旋转的主轴停止转动。

⑧“主轴反转”键：按此键可使主轴反转。

8）速率修调按键。速率修调按键分别是“主轴修调”“快速修调”和“进给修调”。

①“主轴修调”键：在自动方式或 MDI 方式下，按“主轴修调”键可调整程序中指定的主轴速度，按下“100%”键主轴修调倍率被置为 100%，按一下“+”键主轴修调倍率递增 5%，按一下“－”键主轴修调倍率递减 5%。在手动方式时这些按键可调节手动时的主轴速度。机械齿轮换挡时主轴速度不能修调。

②“快速修调”键：在自动方式或 MDI 方式下按“快速修调”键可调整 G00 快速移动时的速度，按“100%”键快速修调倍率被置为 100%，按一下“+”键快速修调倍率递增 5%，按一下“－”键快速修调倍率递减 5%。在手动连续进给方式下这些按键可调节手动快移速度。

③“进给修调”键：在自动方式或 MDI 方式下按“进给修调”键可调整程序中给定的进给速度，按“100%”键进给修调倍率被置为 100%，按一下“+”键进给修调倍率递增 5%，按一下“－”键进给修调倍率递减 5%。在手动进给方式下这些按键可调节手动进给速度。

9）“坐标轴移动”键。

①“－X”键：在手动方式下，按此键 X 轴向负方向运动。

②“+X”键：在手动方式下，按此键 X 轴向正方向运动。

③“－Z”键：在手动方式下，按此键 Z 轴向负方向运动。

④“+Z”键：在手动方式下，按此键 Z 轴向正方向运动。

⑤“快进”键：在手动方式下按此键后，再按坐标轴移动键，可使坐标轴快速移动。

⑥“－C”键和“+C”键：这两个键在车削中心上有效，用于手动进给 C 轴。

10）“循环启动”键和“进给保持”键。在自动方式或 MDI 方式下按下“循环启动”键可自动运行加工程序，按下“进给保持”键可使程序暂停运行。

11）“急停”按钮。紧急情况下按此按钮后数控系统进入急停状态，控制柜内的进给驱动电源被切断，此时车床的伺服进给及主轴运转停止工作。要想解除急停状态，可顺时针方向旋转按钮，按钮会自动跳起，数控系统进入复位状态，解除急停状态后，需要进行回零操作。在启动和退出系统之前应按下“急停”按钮以减少电流对系统的冲击。

①“程序”主菜单：按下“程序”主菜单键后，可进行包括 G 代码编辑、程序运行控制、程序断点运行操作、DNC 文件传输及磁盘格式化等操作。

②“设置”主菜单：按下“设置”主菜单键后，可进行包括设定 G54～G59 坐标系、

浮动零点设置，PLC 和系统更新等操作。

③“MDI”主菜单：按下“MDI”主菜单键后，可进行手动指令的输入和运行。

④“刀补”主菜单：按下“刀补”主菜单键后，可进行包括刀具偏置值的设置、刀具补偿值的设置、磨损补偿值的设置等操作。

⑤“诊断”主菜单：按下“诊断”主菜单键后，可查看系统的工作状态、报警信息，诊断故障原因。

⑥“位置”主菜单：按下“位置”主菜单键后，可通过多种方式查看车床的运行状态，还可进行毛坯尺寸的设置。

⑦“参数”键：按下“参数”主菜单键后，可进行系统参数的修改、备份、载入及密码修改等操作。

任务 1.3 数控车床操作规程及日常保养

【任务目标】

【知识目标】

了解数控车床安全操作规程。

【能力目标】

能够进行数控车床的日常维护与保养。

【知识链接】

1.3.1 数控车床安全操作规程

为正确合理地使用数控车床，保证车床正常运转，必须制定比较完善的数控车床安全操作规程，通常包括以下内容：

1）检查电压、气压、油压是否正常（有手动润滑的部位先要进行手动润滑）。

2）车床通电后，检查各开关、按钮、按键是否正常、灵活，车床有无异常现象。

3）检查各坐标轴是否回参考点，限位开关是否可靠；若某轴在回参考点前已在参考点位置，应先将该轴沿负方向移动一段距离后，再手动回参考点。

4）车床开机后应空运转 5min 以上，使车床达到热平衡状态。

5）装夹工件时应定位可靠，夹紧牢固，所用螺钉、压板是否妨碍刀具运动，以及零件毛坯尺寸是否有误。

6）数控刀具选择正确，夹紧牢固。

7）首件加工应采用单段程序切削，并随时注意调节进给倍率控制进给速度。

8）试切削和加工过程中，刃磨刀具、更换刀具后，一定要重新对刀。

9）加工结束后应清扫车床并加防锈油。

10）停机时应将各坐标轴停在正向极限位置。

1.3.2 数控车床日常维护及保养

为了充分发挥数控车床的作用，减少故障的发生，延长车床的平均无故障时间，数控车床的编程、操作和维修人员必须经过专门的技术培训，要有机械加工工艺、液压、测量、自动控制等方面的知识，这样才能全面了解和掌握数控车床，才能做好数控车床的维护和保养工作。

1.3.2.1 数控车床日常维护保养内容和要求

数控车床操作人员要严格遵守操作规程以及车床日常维护和保养制度，严格按照车床系统说明书的要求正确、合理地操作车床，尽量避免因操作不当影响车床使用。日常维护和保养内容要求见表1-3。

表 1-3 数控车床日常维护保养内容与要求

序号	检查周期	检查部位	检查内容和要求
1	每天	导轨润滑油箱	检查油标、油量，及时添加润滑油，润滑泵能及时启动打油及停止
2	每天	X、Z轴向导轨面	清除切屑及脏物，检查润滑油是否充实，导轨面有无划伤损坏
3	每天	压缩空气源	检查气动控制系统压力，应在正常范围
4	每天	气源自动分水滤水器，自动空气干燥器	及时清理分水器中滤出的水分，保证自动空气干燥器正常工作
5	每天	气动转换器和增压器油面	发现油面不够时及时补足油
6	每天	主轴润滑恒温油箱	工作正常，油量充足，工作范围合适
7	每天	液压平衡系统	平衡压力指示正常，快速移动时平衡阀工作正常
8	每天	车床液压系统	油箱、油泵无异常噪声，压力表指示正常，管路及各接头无泄露，工作油面高度正常
9	每天	电气柜各散热通风装置	各电气柜冷却风扇工作正常，风道过滤网无堵塞
10	每天	CNC输入/输出装置	检查I/O设备清洁，机械结构润滑良好等
11	每天	各种防护装置	导轨、车床防护罩等应无松动、漏水
12	每周	各电气柜过滤网	清洗各电气柜过滤网
13	不定期	冷却油箱、水箱	随时检查液面高度，及时添加油或水，太脏时需要更换清洗油箱、水箱和过滤器
14	不定期	废油池	及时取走存集的废油，避免溢出
15	不定期	排屑器	经常清理切屑，检查有无卡住等
16	不定期	检查主轴驱动皮带	要说明书要求调整皮带松紧度，若皮带破损应及时更换
17	不定期	检查各轴导轨上镶条、压紧滚轮	根据车床说明书调整松紧状态
18	每半年	滚珠丝杠	清洗丝杠上旧的润滑脂，涂上新油脂
19	每半年	液压油路	清洗溢流阀、减压阀、滤油器、油箱，更换或过滤液压油
20	每一年	主轴润滑恒温油箱	清洗过滤器、更换润滑油
21	每一年	检查并更换直流伺服电机电刷	检查换向器表面，吹净炭粉，去除毛刺，更换长度过短的电刷
22	每一年	润滑油泵、过滤器	清理润滑油池底，更换滤油器

1.3.2.2 机械结构日常维护

数控车床具有集机、电、液为一体的自动化车床，经各部分的执行功能最后共同完成机械执行机构的移动、转动、夹紧、松开、变速和换刀等各种动作，可见做好数控车床机械执行机构的日常维护和保养将直接影响车床性能。数控车床机械执行机构日常维护主要包括车床本体、主轴部件、滚珠丝杠螺母副、导轨副等的维护。

（1）外观保养

1）每天做好车床清扫卫生，清扫铁屑，擦干净导轨部位的冷却液。下班时所有的加工面抹上机油防止导轨生锈。

2）每天注意检查导轨、车床防护罩是否齐全有效。

3）每天检查车床内外有无磕、碰、拉伤现象。

4）定期清除各部件切屑、油垢，做到无死角，保持内外清洁，无锈蚀。

（2）主轴的维护

在数控车床中，主轴是最关键的部件，对车床的加工精度起着决定性作用。它的回转精度影响到工件的加工精度，功率大小和回转速度影响到加工效率。主轴部件机械结构的维护主要包括主轴支承、传动、润滑等。

1）定期检查主轴支承轴承。轴承预紧力不够，或预紧螺钉松动，游隙过大，会使主轴产生轴向窜动，应及时调整；轴承拉毛或损坏应及时更换。

2）定期检查主轴润滑恒温油箱。及时清洗过滤器，更换润滑油等，保证主轴有良好的润滑。

3）定期检查齿轮轮对。若有严重损坏，或齿轮啮合间隙过大，应及时更换齿轮和调整啮合间隙。

4）定期检查主轴驱动皮带。应及时调整皮带松紧程度或更换皮带。

（3）滚珠丝杠螺母副的维护

滚珠丝杠传动由于其有传动效率高、传动精度高、运动平稳、寿命长以及可预紧消隙等优点，因此在数控车床上使用广泛，其日常维护保养包括以下几个方面：

1）定期检查滚珠丝杠螺母副的轴向间隙。一般情况下可以用控制系统自动补偿来消除间隙；当间隙过大，可以通过调整滚珠丝杠螺母副来保证。数控车床滚珠丝杠螺母副多数采用双螺母结构，可以通过双螺母预紧消除间隙。

2）定期检查丝杠防护罩。以防止尘埃和磨粒黏结在丝杠表面，影响丝杠使用寿命和精度，发现丝杠防护罩破损应及时维修和更换。

3）定期检查滚珠丝杠螺母副的润滑。滚珠丝杠螺母副润滑剂可以分为润滑脂和润滑油两种。润滑脂每半年更换一次，清洗丝杠上的旧润滑脂，涂上新的润滑脂；用润滑油的滚轴丝杠螺母副，可在每次车床工作前加油一次。

4）定期检查支承轴承。应定期检查丝杠支承轴承与车床连接是否有松动，以及支承轴承是否损坏等，如有要及时紧固松动部位并更换支承轴承。

5）定期检查伺服电动机与滚珠丝杠之间的连接。伺服电动机与滚珠丝杠之间的连接必须保证无间隙。

（4）导轨副的维护

导轨副是数控车床的重要执行部件，常见的有滑动导轨和滚动导轨。导轨副的维护一般是不定期的，主要内容包括：

1）检查各轴导轨上镶条、压紧滚轮，保证导轨面之间有合理间隙。根据车床说明书调整松紧状态，间隙调整方法有压板调整间隙、镶条调整间隙和压板镶条调整间隙等。

2）注意导轨副的润滑。导轨面上进行润滑后，可以降低摩擦，减少磨损，并且可以防止导轨生锈。根据导轨润滑状况及时调整导轨润滑油量，保证润滑油压力，保证导轨润滑良好。

3）经常检查导轨防护罩。以防止切屑、磨粒或冷却液散落在导轨面上引起的磨损、擦伤和锈蚀。发现防护罩破损应及时维修和更换。

1.3.2.3　电气控制系统日常维护

数控车床电气控制系统是车床的关键部分，主要包括伺服与检测装置、PLC、电源和电气部件等，其日常维护包括以下几个方面：

（1）定期检查电气部件

检查各插头、插座、电缆、各继电器触点是否出现接触不良，短路层故障；检查各印制电路板是否干净；检查主电源变压器、各电机绝缘电路是否在 1MΩ 以上。平时尽量少开电气柜门，保持电气柜内清洁。

（2）直流伺服电动机的维护

在 20 世纪 80 年代生产的数控车床，大多数采用直流伺服电动机，这就存在电刷的磨损问题，为此对于直流伺服电动机需要定期检查和更换直流电机电刷。

1）每天在车床运行时的维护检查。在运行过程中要注意观察电动机的旋转速度；是否有异常的振动和噪声；是否有异常臭味；检查电动机的机壳和轴承的温度。

2）定期维护。由于直流伺服电动机带有数对电刷，旋转时，电刷与换向器摩擦而逐渐磨损。电刷异常或过度磨损，会影响工作性能，所以对直流伺服电动机的日常维护也是相当必要的。定期检查和更换直流电机电刷。

数控车床的直流伺服电动机应每年检查一次，检查步骤如下：

① 在数控系统处于断电状态且已经完全冷却的情况下进行检查。

② 取下橡胶刷帽，用螺钉旋具刀拧下刷盖取出电刷。

③ 测量电刷长度，如 FANUC 直流伺服电动机的电刷由 10mm 磨损到小于 5mm 时，必须更换同型号的新电刷。

④ 仔细检查电刷的弧形接触面是否有深沟或裂痕，以及电刷弹簧上有无打火痕迹。如有上述现象，则要考虑工作条件是否过分恶劣或本身是否有问题。

⑤ 用不含金属粉末及水分的压缩空气倒入装电刷的刷握孔吹净粘在刷握孔壁上的电刷粉末。如果难以吹净，可用螺钉旋具尖轻轻清理，直至孔壁全部干净为止，但要注意不要碰到换向器表面。

⑥ 重新装上电刷，拧紧刷盖。如果是更换了新电刷，要使空运行跑合一段时间，以使电刷表面与换向器表面温和良好。

（3）交流伺服电动机的维护

交流伺服电动机与直流伺服电动机相比，最大的优点是不存在电刷维护的问题。应用于进给驱动的交流伺服电动机多采用交流永磁同步电动机，其特点是磁极是转子，定子的电枢绕组与三相交流电枢绕组一样，但它有三相逆变器供电，通过转子位置检测其产生的信号去控制定子绕组的开关器件，使其有序轮流导通，实现换流作用，从而使转子连续不断地旋转。转子位置检测器与转子同轴安装，用于转子的位置检测，检测装置一般为霍尔开关或具有相位检测的光电脉冲编码器。

（4）驱动器维护

驱动器维护一般1～3年维护一次，其维护方法是：打开机器，用工业酒精把电路板全部清洗干净，随后用电吹风把电路板绝对要吹干燥，然后观察电路板上的元件，看是否有变形短路，功率器件是否接触氧化，电容是否有鼓包。一步一步要细心处理好，最后就是更换风扇，但要注意风扇的风速和稳定性。

（5）直流电源维护

直流电源一般1～3年维护一次，其维护方法是：先找个大灯泡放电，打开机器先清洗，后烘干，然后观察电路板线路是否有污染氧化，因电压电流都比较大，要确定线路之间没有虚短路和干扰，然后观察电路板上的元件，是否有变形和直接塤坏的。因工业产品要求综合性能比较好，选的量程比较大，并不见得使用的元器件都是好的，就拿电容来说一个两个漏电，有时照样能用，但是使用时间肯定会缩短，并且有可能造成整机报废，所以一定要做好维护保养，最后就是保证风扇良好，风道畅通。

（6）PLC维护

PLC一般三年维护一次，其维护方法是：程序备份好，打开机器先清洗，后烘干。主要观察各模块电源部分和输入、输出部分，看是否有性能不好的元件。CPU模块要先洗手减小静电，然后再操作。最后就是确定电池容量正常，如果容量减小，最好更换掉。

（7）人机界面维护

人机界面维护一般三年维护一次，其维护方法是：去除手上静电，电路板清洗干净，然后烘干，观察电源部分，如有电容性能不好的更换掉，如果液晶屏背光不好，更换灯管，特别要注意接插件之间接触良好，最后就是要处理好人机界面与前端盖之间的密封，减小灰尘进入。

（8）备用电路板

备用电路板长期不用容易出现故障，因此对数控车床备用电路板，应定期装到数控车床中通电运行一段时间。

（9）闲置不用的数控车床

长期不用的数控车床应定期开动，尤其在空气湿度大的梅雨季节应该每天通电，利用电器元件发热来保证电器元件性能稳定可靠。

总之，数控车床电气控制部分日常维护和保养非常重要，要遵守相关操作规程，同时还要胆大心细，注意以下几个方面内容：

① 动手之前，先洗手。

② 机器外部接线做好记录。

③ 如带用户程序要先备份。

④ 机器内部拨码开关做好记录。

⑤ 更换元件之前要做好记录。

⑥ 被焊过的电路要保证焊点牢靠，不要与其他元件焊短路。

⑦ 装机时各固定部位要装牢靠。

⑧ 整机具体情况做好记录，以便下次维护保养。

1.3.2.4　液压传动系统的维护

液压传动系统在数控车床的机械控制和系统调整中占有很重要的位置，如液压卡盘、主轴箱齿轮的换挡、主轴轴承的润滑、车床尾座等结构中，所以对其进行有效的日常维护才能保证数控车床的正常工作。液压传动系统日常维护要点如下：

（1）保持液压油清洁

液压油污染不仅是引起液压系统故障的主要因素，而且还会加速液压元件的磨损，所以控制液压油污染，是保证数控车床正常工作的重要工作之一。

（2）严格执行日常点检制度

液压系统故障存在隐蔽性、可变性和难以判断性，因此，应对液压系统做好点检工作，并加强日常点检记录，保证液压系统正常工作。液压系统点检包括以下内容：

1）油箱内游标是否在游标刻度范围内；油液的温度是否在容许的范围内。

2）各液压阀、液压缸和管接头处是否有泄露；液压系统各测压点压力是否在规定范围内，压力是否稳定。

3）液压泵或液压电动机运转是否有异常现象；液压缸移动是否正常平稳；液压系统手动或自动工作循环是否有异常现象；电气控制或撞块控制的换向阀工作是否灵活可靠。

4）定期检查清洗油箱和管道；定期检查清洗或更换滤芯；定期检查清洗或更换液压元件。

5）定期检查更换密封件；定期检查和紧固重要部位的螺钉、螺母、接头和法兰；定期检查行程开关或限位挡块位置是否松动。

6）定期检查冷却器和加热器的工作性能。

7）定期检查蓄能器的工作性能。

1.3.2.5　数控系统的维护

数控系统是数控车床的核心，主要有两种类型：一是完全由硬件逻辑电路构成的专用硬件数控装置（NC 装置），二是由计算机硬件和软件组成的计算机数控装置（CNC 装置）。随着计算机技术发展，目前数控装置主要是 CNC 装置。CNC 装置由硬件控制系统和软件控制系统组成，其日常维护主要包括以下几个方面：

1）严格制定并且执行 CNC 系统的日常维护的规章制度。根据不同数控车床的性能特点，严格制定其 CNC 系统的日常维护的规章制度，并且在使用和操作中要严格执行。

2）应尽量少开数控柜门和强电柜的门，在机械加工车间的空气中往往含有油雾、尘埃，它们一旦落在数控系统的印刷线路板或者电气元件上，则易引起元器件的绝缘电阻下降，甚至导致线路板或者电气元件的损坏。

3）定时清理数控装置的散热通风系统，以防止数控装置过热。散热通风系统是防止数控装置过热的重要装置，为此，应每天检查数控柜上各个冷却风扇运转是否正常，每半年或者一季度检查一次风道过滤器是否有堵塞现象，如果有则应及时清理。

4）注意 CNC 系统的输入/输出装置的定期维护。如 CNC 系统的输入装置中磁头的清洗。

5）经常监视 CNC 装置用的电网电压。CNC 系统对工作电网电压有严格的要求。例如 FANUC 公司生产的 CNC 系统，允许电网电压在额定值的 85%～110%的范围内波动，否则会造成 CNC 系统不能正常工作，甚至会引起 CNC 系统内部电子元件的损坏。

6）存储器用电池的定期检查和更换。CNC 系统中部分 CMOS 存储器中的存储内容在断电时靠电池供电保持，一般采用锂电池或者可充电的镍镉电池，当电池电压下降到一定值时，就会造成数据丢失，因此要定期检查电池电压。当电池电压下降到限定值或者出现电池电压报警时，就要及时更换电池。更换电池时一般要在 CNC 系统通电状态下进行，这才不会造成存储参数丢失。所以车床参数要做好备份，一旦数据丢失，在调换电池后，可重新输入参数。

7）软件控制系统日常维护一定要做到不能随意更改车床参数，若需要修改参数必须做好修改记录。

【项目作业】

一、简答题

1. 数控车床伺服系统分为几类？各有何特点？
2. 数控车床加工的特点是什么？
3. 数控车床由哪几部分组成？各部分的作用是什么？
4. 简要说明数控车床的主要工作过程。
5. 数控车床有哪些类型？

二、填空题

1. 数控车床是从外部对工件进行____________自动加工的车床。
2. 数控车床是一种装有____________的车床。
3. 数控系统是能自动完成____________处理的。
4. 数控系统是能控制车床的运动和____________的。

三、选择题

1. 在进行回车床参考点操作时，应选择的工作方式是（　　）。

A. 自动方式　　B. 编辑方式　　C. 回零方式　　D. 手动方式

2. 新建一个加工程序，应选择的工作方式是（　　）。

A. 自动方式　　B. 编辑方式　　C. 回零方式　　D. 手动方式

3. 数控加工程序验证无误后，应先按自动键，再按（　　）实现自动加工。

A. ENTER 键　　B. INPUT 键　　C. INSERT 键　　D. 循环启动键

4. 在手轮方式下，选择“25%”时，手轮每转动一格相应的坐标轴移动量是（　　）。

A. 0.001mm　　B. 0.01mm　　C. 0.1mm　　D. 1mm

5. 一般用途的数控车床的分辨率是（　　）。

A. 0.001mm　　B. 0.01mm　　C. 0.1mm　　D. 1mm

6. 在手动方式下不可以控制车床（　　）。

A. 自动走刀　　B. 主轴正转　　C. 刀架沿轴向运动　　D. 主轴停

7. PLC 一般是（　　）年维护一次。

A. 1　　B. 2　　C. 3　　D. 4

8. 人机界面维护一般是（　　）年维护一次。

A. 1　　B. 2　　C. 3　　D. 4

项目2 CHAPTER 2 数控车床的加工准备

【学习目标】

完成本学习任务后，你应当能：

◆ 了解数控车床加工的工艺流程；能够完成回转体类零件加工工艺的设计。

◆ 了解数控车刀的种类及特点，理解车刀的几何角度及其对切削的影响，能够根据具体生产情况正确选用刀具；了解数控车床通用夹具，能够完成零件的装夹与找正。

◆ 了解数控车床坐标系，理解数控车床坐标系和编程坐标系以及它们之间的关系；掌握回零和对刀步骤。

◆ 了解数控加工程序结构，准备功能指令；理解辅助功能、主轴功能、刀具功能、进给功能指令。

建议完成本学习任务为 8 课时。

【项目导读】

本项目主要介绍数控车床编程的基础知识和基本操作技能。作为一名生产车间的技术员，当你从设计部门拿到零件图纸后，你要解决的问题是：如何以最经济的方式加工出合格零件。这就需要技术员具备扎实的机械加工工艺知识，任务 2.1 就是为解决这个问题而编写的。

由于刀具是实现机加工的最终执行工具，刀具的材料和几何角度对零件的加工精度具有直接影响，所以了解刀具种类及特点，明白刀具几何角度对加工质量的影响，对正确选用刀具至关重要。同学们要想增加自己的刀具知识，请看任务 2.2 吧。

通过项目 1 的学习，同学们知道了数控车床采用计算机控制，可以自动完成零件的加工。为什么能够实现自动加工呢？这就需要数控车床的控制中枢知晓刀具和工件的相对位置，并且有正确的程序才行。这就需要我们掌握数控车床坐标系的知识，任务 2.3 会告诉我们车床坐标系和编程坐标系的区别与联系，如何建立车床坐标系和编程坐标系。坐标系解决了刀具和工件的相对位置问题，想要实现自动加工还需要刀具相对工件发生运动，这就需要编制数控加工程序来实现。

任务 2.1　数控车床加工工艺准备

【任务目标】

【知识目标】

1）了解加工工艺的基本概念。

2）掌握数控车削加工工艺编制步骤及主要内容，拟定数控车削加工工艺路线。

【能力目标】

1）能正确选用切削参数，会拟定加工工艺路线。

2）具有查阅资料及相关应用手册的能力。

【知识链接】

2.1.1　机械加工工艺过程及组成

工艺过程是指生产过程中改变生产对象的形状、尺寸、相对位置和性能，使其成为半成品或成品的过程。以工艺文件的形式确定下来的工艺过程称为工艺规程。机械产品的工艺过程可分为铸造、锻造、冲压、焊接、机加工、热处理、电镀、涂装、装配等。机械加工工艺过程是产品整个工艺过程的主要组成部分。

机械零件加工工艺过程主要由工序、安装、工位、工步和走刀组成，理解这些概念对设计出经济合理的零件加工工艺规程具有重要意义。

（1）工序

工序是指在机械加工工艺过程中，一个工人在同一车床对同一个工件连续完成的那一部分工艺过程。操作者、车床、工件和连续作业这四个要素，只要其中任一要素发生变更即构成新的工序。工序是组成机械加工工艺过程的基本单元，工序又可依次细分为安装、工位、工步和走刀。

如图 2-1 所示阶梯轴，当生产类型不同时，其工艺过程及工序划分也有较大区别，如表 2-1、表 2-2 所示。

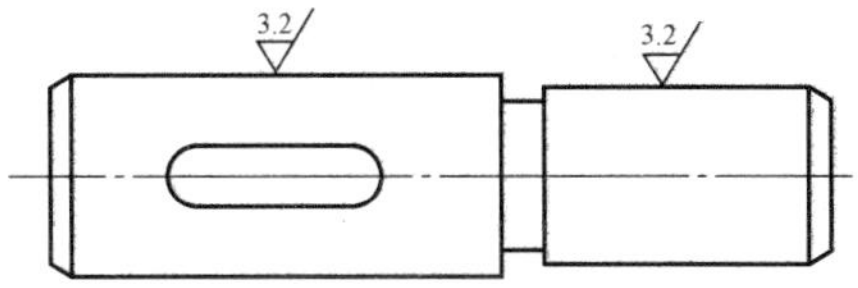

图 2-1　阶梯轴

表 2-1　阶梯轴单件小批量生产工艺过程

工序号	工序内容	设备	工序号	工序内容	设备
1	车端面、钻中心孔	车床	3	铣键槽、去毛刺	铣床
2	车外圆、切槽及倒角	车床	4	磨外圆	磨床

（2）安装

安装是指加工前，工件在车床或夹具上需要先定位、再夹紧的过程。在一道工序中，工件可能需要安装一次，也可能需要安装多次。例如，表 2-1 中的工序 1 和工序 2 均有两次安装，而表 2-2 中的各道工序只有一次安装。

表 2-2　阶梯轴大批量生产工艺过程

工序号	工序内容	设备	工序号	工序内容	设备
1	铣两端面、钻中心孔	组合车床	4	铣键槽、去毛刺	铣床
2	粗车外圆及倒角	车床	5	去毛刺	钳工台
3	精车外圆、倒角及切槽	车床	6	磨外圆	磨床

（3）工位

工件在一次安装后，工件与夹具或设备的可动部分一起相对于刀具或设备的固定部分所占据的每一个位置称为一个工位。

（4）工步

工步是指在加工表面不变、加工工具不变、切削速度和进给量不变的条件下所连续完成的那一部分工序内容，即所谓“三不变、一连续”。以上三种因素中任一因素改变即为新的工步。一道工序可以只包括一个工步，也可以包括多个工步。

（5）走刀

在一个工步内，如果被加工表面需切除的金属层很厚，一次切削无法完成，则可分成多次切削，每进行一次切削就是一次走刀。由此可见，一个工步可以包括一次走刀或多次走刀。走刀是构成工艺过程的最小单元。

2.1.2　零件数控加工工艺设计

机械零件数控加工工艺设计的步骤为：①分析零件图；②选择毛坯；③确定设备及工量器具；④拟定工艺路线；⑤工件的装夹与定位；⑥确定加工余量及工序尺寸；⑦确定切削用量；⑧拟定走刀路线；⑨填写工艺文件。数控加工工艺文件是指导编程人员编写数控加工程序的重要技术文件。

2.1.2.1　分析零件图

零件图分析的目的在于全面了解零件轮廓及精度等各项技术要求，为后续工艺设计提供依据。判断零件类型，是轴类零件还是盘类零件。了解零件功能作用以及工作场合、加工精度等级，确定加工关键尺寸。

在分析过程中，可以同时进行一些编程尺寸的简单换算，如增量尺寸、绝对尺寸、中值尺寸及尺寸链计算等。在数控编程实践中，常常对零件要求的尺寸进行中值计算，作为编程的尺寸依据。如图 2-2 是轴承内圈零件，其是轴套类零件，加工外径为 ϕ63.15mm，加工内径为 ϕ44.65mm，加工长度为 25.2mm，内圆和外圆表面均含有圆弧轮廓，零件关键尺寸是（12.6±0.02）mm。

2.1.2.2　选择毛坯

毛坯种类的选择，不仅影响着毛坯制造的工艺，而且对零件的机械加工工艺、设备和工具的消耗以及工时定额也都有很大的影响。因此，正确选择毛坯，需要毛坯制造和机械零件加工工艺方面的人员紧密配合，以兼顾冷、热加工两方面的要求。

机械加工中常见的毛坯有：

铸件：形状复杂的毛坯，宜采用铸造方法制造。

锻件：锻件有自由锻造锻件和模锻件两种。

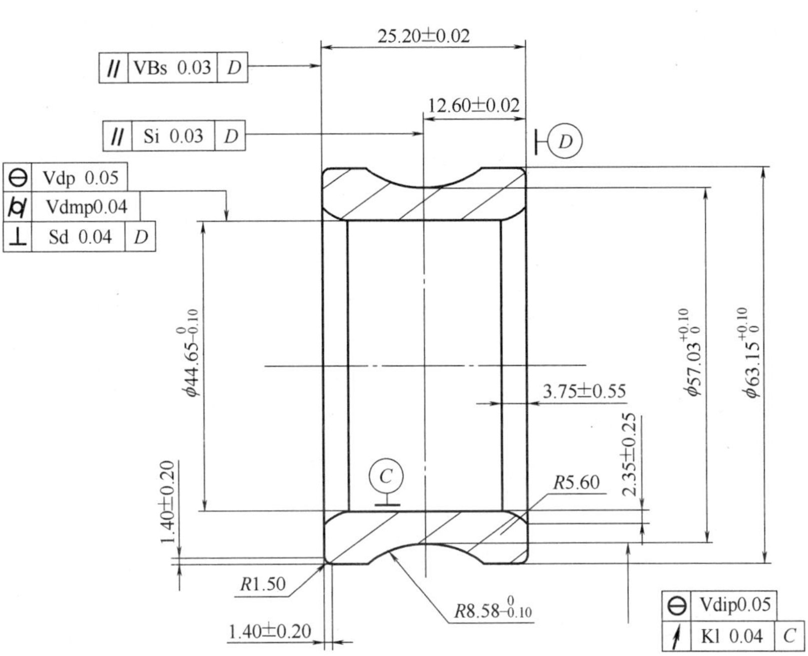

图 2-2 轴承内圈零件

型材：机械制造中的型材按截面形状可分为圆钢、方钢、六角钢、扁钢、角钢、槽钢和其他特殊截面形状的型材。

组合毛坯：将铸件、锻件、型材或经局部机械加工的半成品组合在一起，也可作为机械加工的毛坯，组合的方法一般是焊接。

结合轴承制造企业实际生产情况，该零件选用型材中的管件作为毛坯。管件外径为 ϕ70mm，内径为 ϕ36mm，长度为 32mm，材料为 GCr15 轴承钢。

2.1.2.3 工件的装夹

数控车削加工零件时，零件必须通过相应的夹具进行装夹。零件的装夹又可分为定位和夹紧。定位是为了使待加工工件在车床和夹具上占有正确的位置，夹紧是为了保证定位的牢靠与稳固。定位与基准有着十分密切的关系。

基准是指生产对象（如零部件等）上用来确定其他点、线、面的位置所依据的那些点、线、面。基准分为设计基准和工艺基准两大类，其中工艺基准又分为定位基准、测量基准和装配基准。在加工中用作定位的基准，称为定位基准。定位基准又可分为粗基准和精基准。以未加工表面作为基准面的称为粗基准，以已加工表面作为基准面的称为精基准。例如，在车床上采用三爪自定心卡盘装夹工件时，被装夹的圆柱表面就是其定位基准；采用两顶尖装夹长轴类工件时，其定位基准则是两顶尖体现出的组合基准轴线。

在编制零件加工工艺过程中，合理选择定位基准对保证零件的尺寸和相互位置精度起着决定性的作用。为了保证零件尺寸和位置精度，定位基准一般要与设计基准重合，并尽量减少装夹次数。图 2-2 中的零件加工外圆时以内圆面和左端面作为定位基准面，加工内圆时，以外圆面作为定位基准面。

2.1.2.4 拟定加工工艺路线

零件加工工艺路线是指从毛坯安装到加工成最终零件的工艺过程，其中一般穿插有热处理工艺。图 2-3 中的零件加工工艺路线为：退火（工序 1）→以内圆面和左端面作为定位基准进行装夹→粗车外圆和右端面以获得精基准面（工序 2）→以外圆面和已加工端面作为定位基准→粗、精车端面和内轮廓（工序 3）→以内圆面和端面作为定位基准→粗、精车外轮廓（工序 4）→淬火（工序 5）→粗、精磨（工序 6）。

注 意：

如果经过粗精车可以达到零件加工精度等级，可不安排磨削加工。对于数控车削加工而言，只需取工序 2～工序 4 即可。

2.1.2.5 确定设备及工量器具

设备及工量器具主要是指车床、夹具、刀具和量具或量仪。在选择车床时，要根据待加工零件外形尺寸和加工精度等级选择满足加工精度的车床；选择夹具时，要根据装夹定位基准、装夹后零件的刚性要求以及生产批量，选用通用夹具、组合夹具或者专用夹具。图 2-2 中零件加工内轮廓时采用包容式软卡爪，如图 2-3 所示，加工外轮廓时采用心轴式夹具。车床选用 CK6150 数控车床，FANUC 0i 系统。刀具采用机夹可转位车刀，如图 2-4 所示，刀片材料为硬质合金，外圆车刀两把，内圆车刀两把，45°端面车刀一把。量具采用百分表，如图 2-5 所示。

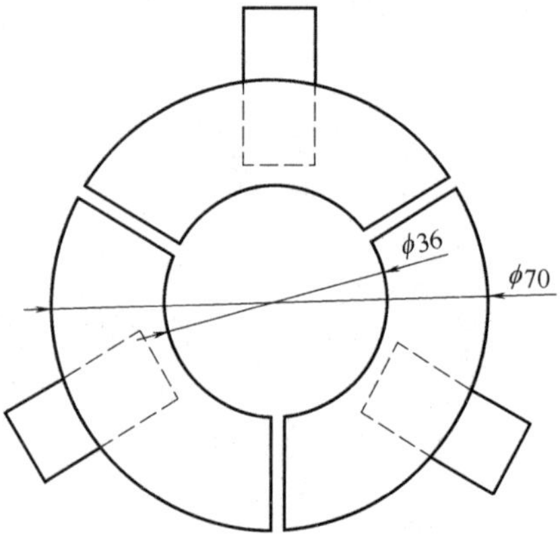

图 2-3 包容式软卡爪

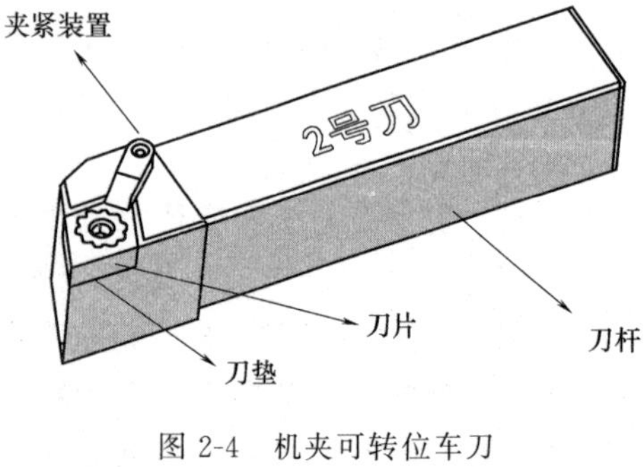

图 2-4 机夹可转位车刀

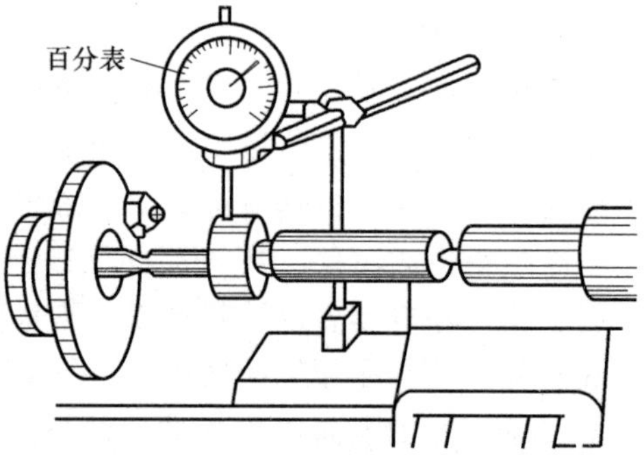

图 2-5 百分表及使用

2.1.2.6 确定加工余量及工序尺寸

为了保证加工要求，需从工件的加工表面上切除一层材料，这层材料即为加工余量。加工余量可分为工序余量和加工总余量。工序余量是指某一道工序中所切除的金属层厚度，即相邻两工序的工序尺寸之差。加工总余量是指某加工表面上所切除金属层的总厚度，即毛坯尺寸与零件图设计尺寸之差，也等于各道工序加工余量之和，即

$$Z_0 = \sum_{i=1}^{n} Z_i \qquad (2\text{-}1)$$

式（2-1）中：

Z_0——加工总余量；

Z_i——各工序余量。

图 2-2 零件工序 2 外圆加工余量为 3mm，因此外圆工序尺寸为 ϕ67mm，端面加工余量为 2mm，因此长度工序尺寸为 30mm。工序 3 最大加工余量为 19.2mm，工序尺寸为零件设计尺寸。工序 4 零件外轮廓最大加工余量为 9.97mm，工序尺寸为零件设计尺寸。

2.1.2.7　确定切削用量

切削用量是切削时各运动参数的总称，包括背吃刀量、切削速度和进给量。

（1）背吃刀量 a_p

背吃刀量一般是指工件上已加工表面和待加工表面间的垂直距离。对于圆柱体工件的切削加工，指的是已加工表面和待加工表面的直径差的 1/2，即单边切削深度。在“机床—夹具—刀具—零件”这一工艺系统刚性的允许下，应尽可能选取较大的背吃刀量，以减少走刀次数，提高生产效率。当零件精度要求较高时，则应考虑适当留出精车余量，常取（0.1～0.5）mm。

（2）切削速度 v_c

切削速度是指切削时，车刀切削刃上某一点相对待加工表面在主运动方向上的瞬时速度，又称为线速度。切削速度与主轴转速有着密切的关系，在实际生产中，主轴转速可按下式计算：

$$v_c = \pi dn/1000 \tag{2-2}$$

式（2-2）中：

n——主轴转速（r/min）；

v_c——切削速度（m/min）；

d——零件待加工表面的直径。

（3）进给量 f

进给量是指工件每转一转，刀具切削刃相对于工件在进给方向上的位移量，单位是 mm/r。进给速度与进给量密切相关，进给速度的计算公式为：

$$v_f = nf \tag{2-3}$$

式（2-3）中：

v_f——进给速度（mm/min）；

n——主轴转速（r/min）；

f——进给量（mm/r）。

切削用量选择的基本原则是：根据工件加工余量和加工要求，确定背吃刀量；根据工艺系统允许的切削力，确定进给量；根据刀具耐用度，确定切削速度；所选定的切削用量应该是数控车床功率允许的。

合理选择切削用量能提高生产效率，保证加工质量，降低加工成本，充分发挥刀具和数控车床的效能。具体数值应根据车床说明书、切削用量手册，并结合经验而定。

2.1.2.8　拟定走刀路线

由于在数控车削加工过程中是自动走刀，所以在进行加工前，必须对走刀路线进行规划。拟定走刀路线的主要依据是各加工表面的切削余量、背吃刀量、零件的装夹方式以及加工工时。在能够保证加工精度、设备以及人员安全的前提下，走刀路线尽可能短。

2.1.2.9 填写工艺文件

填写数控加工专用技术文件是数控加工工艺设计的内容之一。

技术文件是对数控加工的具体说明，目的是让操作者更加明确加工程序的内容、装夹方式、各个加工部位所选用的刀具及其他技术问题。

1）数控编程任务书。它是编程人员和工艺人员协调工作和编制数控程序的重要依据之一。

2）数控加工工件安装和原点设定卡片（简称装夹图和零件设定卡）。它应表示出数控加工原点定位方法和夹紧方法，并应注明加工原点设置位置和坐标方向，使用的夹具名称和编号等。

3）数控加工工序卡。数控加工工序卡与普通加工工序卡有许多相似之处，所不同的是：工序简图中应注明编程原点与对刀点，要进行简要编程说明（如所用车床型号、程序编号、刀具半径补偿、镜向对称加工方式等）及切削参数。

4）数控加工走刀路线图。指刀具运动的路线（如从哪里下刀、在哪里抬刀、哪里是斜下刀等）。

5）数控刀具卡。刀具卡反映刀具编号、刀具结构、尾柄规格、组合件名称代号、刀片型号和材料等。

2.1.3 零件数控加工程序编制步骤

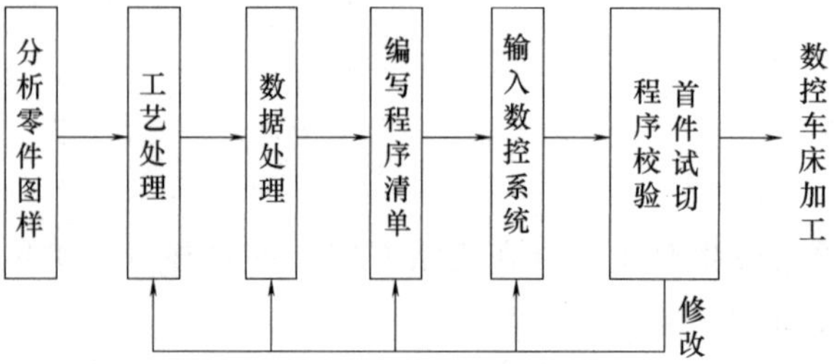

图 2-6 零件数控加工程序编制步骤

在完成零件加工工艺设计后，要将工艺路线程序化，即数控加工程序编制。数控车床程序编制的内容与步骤一般包括：分析零件图样，确定加工工艺过程，数值计算，编写零件加工程序单，程序输入数控系统，校核加工程序和首件试切加工，其流程如图 2-6 所示。

任务 2.2 数控车削刀具、夹具准备

【任务目标】

【知识目标】

1）掌握刀具材料及选用，车刀几何参数对切削性能的影响，数控车刀的分类及结构特点，刀具使用注意事项。

2）掌握数控车床用夹具及结构特点，零件安装注意事项。

【能力目标】

能正确选用刀具、夹具并完成其安装。

【知识链接】

2.2.1 数控车刀的选用

在数控车床加工中，产品质量和劳动生产率在相当大的程度上都受到刀具的制约，虽然其车刀的切削原理与普通车床基本相同。但由于数控车床加工的特点，为保证数控车床加工的连续性，保证零件的精度，提高效率，在刀具的选择上，应尽量选用专用数控车床刀具（不重磨车刀），对于没有条件的情况，在进行刀具的选择上，应认真对待，特别是对切削部分的几何参数，刀具的形状上尚需做特别的处理，才能满足数控车床的加工要求，充分发挥数控车床的效益。

数控车削对刀具有以下几个方面的要求。

2.2.1.1 刀具性能方面

1）强度高。为适应刀具在粗加工或对高硬度材料的零件加工时，能大切深和快走刀，要求刀具必须具有很高的强度；对于刀杆细长的刀具（如深孔车刀），还应具有较好的抗振性能。

2）精度高。为适应数控加工的高精度和自动换刀等要求，刀具及其夹具都必须具有较高的精度。

3）切削速度和进给速度高。为提高生产效率并适应一些特殊加工的需要，刀具应能满足高切削速度的要求。

4）可靠性好。要保证数控加工中不会因发生刀具意外损坏及潜在缺陷而影响到加工的顺利进行，要求刀具及与之组合的附件必须具有很好的可靠性和较强的适应性。

5）耐用度高。刀具在切削过程中的不断磨损，会造成加工尺寸的变化，伴随刀具的磨损，还会因刀刃（或刀尖）变钝，使切削阻力增大，既会使被加工零件的表面精度大大下降，同时还会加剧刀具磨损，形成恶性循环。因此，数控车床中的刀具，不论在粗加工、精加工或特殊加工中，都应具有比普通车床加工所用刀具更高的耐用度，以尽量减少更换或修磨刀具及对刀的次数，从而保证零件的加工质量，提高生产效率。耐用度高的刀具，至少应完成1～2个班次以上的加工。

6）断屑及排屑性能好。有效地进行断屑的性能，对保证数控车床顺利、安全地运行具有非常重要的意义。如果车刀的断屑性能不好，车出的螺旋形切屑就会缠绕在刀头、工件或刀架上，既可能损坏车刀（特别是刀尖），还可能割伤已加工好的表面，甚至会发生伤人和设备事故。因此，数控车削加工所用的硬质合金刀片上，常常采用三维断屑槽，以增大断屑范围，改善断屑性能。另外，车刀的排屑性能不好，会使切屑在前刀面或断屑槽内堆积，加大切削刃（刀尖）与零件间的摩擦，加快其磨损，降低零件的表面质量，还可能产生刀瘤，影响车刀的切削性能。因此，应常对车刀采取减小前刀面（或断屑槽）的摩擦系数等措施（如特殊涂层处理及改善刃磨效果等）。对于内孔车刀，需要时还可考虑从刀体或刀杆的里面引入冷却液，并能从刀头附近喷出的冲排结构。

2.2.1.2 刀具材料方面

这里所讲的刀具材料，主要是指刀具切削部分的材料，较多的指刀片材料。

（1）刀具材料必须具备的主要性能

1）较高的硬度和耐磨性。

2）较高的耐热性。

3）足够的强度和韧性。

4）较好的导热性。

5）良好的工艺性。

6）较好的经济性。

（2）刀具材料的类型

为适应机械加工技术，特别是数控车床加工技术的高速发展，刀具材料也在大力发展之中，除了量大、面广的高速钢及硬质合金材料外，新型刀具材料正在不断涌现。

1）高速钢。高速钢是常用刀具材料之一，它具有稳定的综合性能，在复杂刀具和精加工刀具中，仍占主要地位。典型钢号有：W18Cr4V、W9Cr4V2T 和 W9Mo3Cr4V3Co10 等。

2）硬质合金。硬质合金是高速切削时常用的刀具材料，它具有高硬度、高耐磨性和高耐热性，但抗弯强度和冲击韧性比高速钢差，故不宜用在切削振动和冲击负荷大的加工中。其常用牌号有：YG 类，如 YG6 和 YG8 等用于加工铸铁及有色金属，YG6A 和 YG8A 可用于加工硬铸铁和不锈钢等；YT 类，如 YT5、YT15 和 YT30 等，主要用于加工钢料；YW 类，如 YW1 和 YW2 等，可广泛用于加工铸铁、有色金属、各种钢及其合金等。

3）涂层刀具。为提高刀具的可靠性，进一步改善其切削性能和提高加工效率，通过“涂镀”这一新工艺，使硬质合金和高速钢刀具性能大大提高。涂层硬质合金刀片的耐用度至少可提高 1～3 倍，而涂层高速钢刀具的耐用度则可提高 2～10 倍。涂层刀具是在高速钢及韧性较好的硬质合金基体上，通过气相沉积法，涂覆一层极薄（0.005～0.012mm）的、耐磨性高的难熔金属化合物，如 TiC、TiN、TiB2、TiA1N 等。国产硬质合金刀片的牌号有 YB215 和 YB415 等。

2.2.1.3 车刀几何角度的选择

车刀的几何角度由前角、后角、主偏角 κ_r、副偏角 κ_r' 和刃倾角 λ_s 组成，车刀的几何角度如图 2-7 所示。正确选用刀具几何角度对零件的加工精度、加工效率以及刀具的寿命有重要影响。

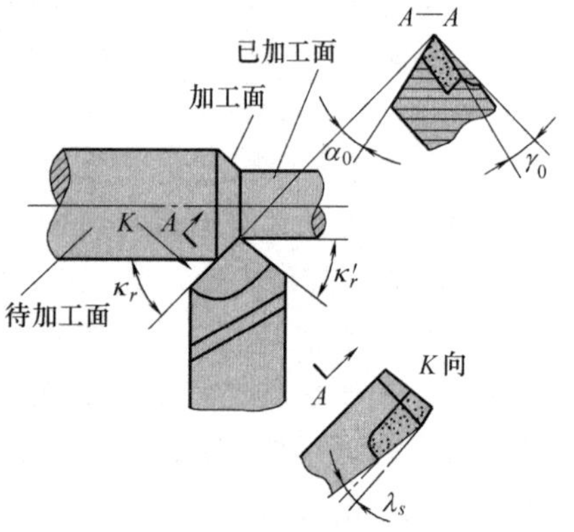

图 2-7 车刀几何角度

1）前角。在正交平面内测量的前刀面与基面间的夹角。前角的正负方向按图示规定表示，即刀具前刀面在基面之下时为正前角，刀具前刀面在基面之上时为负前角。前角一般在 $-5°$～$25°$ 选取。

前角选择的原则：前角的大小主要解决刀头的坚固性与锋利性的矛盾。因此首先要根据加工材料的硬度来选择前角。加工材料的硬度高，前角取小值，反之取大值。其次要根据加工性质来考虑前角的大小，粗加工时前角要取小值，精加工时前角应取大值。

2）后角。在正交平面内测量的主后刀面与切削平面间的夹角。后角不能为零度或负值，一般在 6°～12°选取。

后角选择的原则：首先考虑加工性质，精加工时，后角取大值，粗加工时，后角取小值；其次考虑加工材料的硬度，加工材料硬度高，后角取小值，以增强刀头的坚固性，反之后角应取小值。

3）主偏角 κ_r。在基面内测量的主切削刃在基面上的投影与进给运动方向的夹角。主偏角一般在 30°～90°选取。

主偏角的选用原则：首先考虑车床、夹具和刀具组成的车工工艺系统的刚性，如车工工艺系统刚性好，主偏角应取小值，这样有利于提高车刀使用寿命和改善散热条件及表面粗糙度。其次要考虑加工工件的几何形状，当加工台阶时，主偏角应取 90°，加工中间切入的工件，主偏角一般取 60°。

4）副偏角 κ_r'。在基面内测量的副切削刃在基面上的投影与进给运动反方向的夹角。副偏角一般为正值。

副偏角的选择原则：首先考虑车刀、工件和夹具有足够的刚性，才能减小副偏角，反之应取大值；其次，考虑加工性质，粗加工时副偏角可取 10°～15°，精加工时副偏角可取 5°左右。

5）刃倾角 λ_s。在切削平面内测量的主切削刃与基面间的夹角。当主切削刃呈水平时，$\lambda_s=0°$；刀尖为主切刃上最高点时，$\lambda_s>0°$；刀尖为主切削刃上最低点时，$\lambda_s<0°$。刃倾角一般在－10°～5°选取。

刃倾角的选择原则：主要看加工性质，粗加工时，工件对车刀冲击大，$\lambda_s\geqslant 0°$；精加工时，工件对车刀冲击力小，$\lambda_s\leqslant 0°$，一般取 $\lambda_s=0°$。

2.2.2 夹具的选用

工件的定位与装夹要充分发挥数控车床的加工效能，工件的装夹必须快速，定位必须准确。数控车床对工件的装夹要求：

首先，应具有可靠的夹紧力，以防止在加工过程中工件松动。

其次，应具有较高的定位精度，并便于迅速和方便地装、拆工件。

数控车床主要是用三爪卡盘装夹工件，其定位方式主要采用心轴、顶尖等方式，与普通车床的装夹定位方式基本相同。同时，液压、气动夹具也已广泛运用于生产中，三爪卡盘和顶尖如图 2-8 所示。

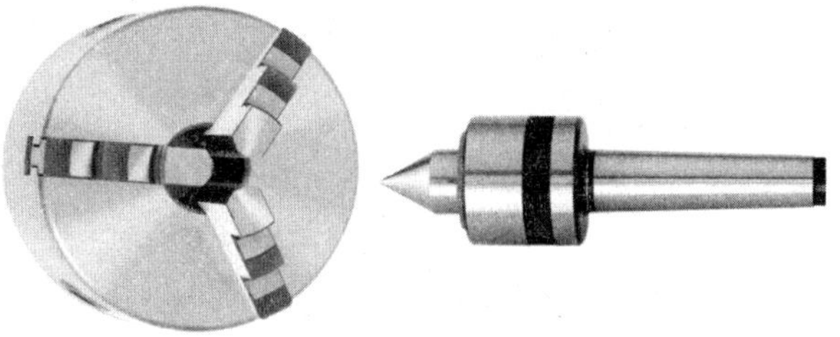

图 2-8 三爪卡盘和顶尖

工件的装夹方式可根据加工对象的不同灵活选用。除此之外，数控车床加工还有许多相应的夹具，主要分为轴类和盘类夹具两大类：用于轴类工件的夹具有自动夹紧拨动卡盘、拔齿顶尖、三爪拨动卡盘等；用于盘类工件的主要有可调卡爪式卡盘和快速可调卡盘。同时，在进行装夹方式的选用时，也要考虑零件的形状、弹性变形、数量等方面的因素。

在数控车床加工中，工件的装夹主要根据加工零件的数量多少来进行夹具的选择，力求简单、可靠，加工操作者可根据不同情况灵活选用。

任务 2.3 数控车床坐标系准备

【任务目标】

【知识目标】

1）理解数控车床坐标系和工件坐标系，以及它们之间的关系。

2）了解车床零点、车床参考点和换刀点的位置及用途。

3）掌握试切对刀的步骤。

【能力目标】

1）能够根据零件结构形状，正确建立工件坐标系。

2）能够采用试切法完成多把刀具的对刀。

【知识链接】

2.3.1 基本坐标系

（1）车床坐标轴

为简化编程和保证程序的通用性，对数控车床的坐标轴和方向命名制定了统一的标准，规定直线进给坐标轴用 X、Y、Z 表示，称基本坐标轴。X、Y、Z 坐标轴的相互关系用右手笛卡尔法则确定，如图 2-9 所示。

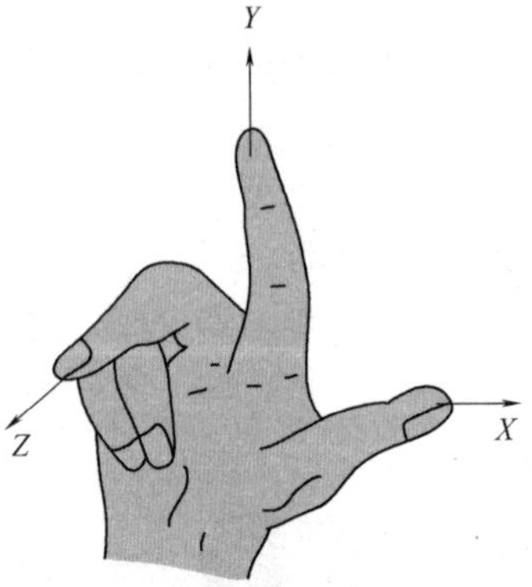

图 2-9 右手笛卡尔法则

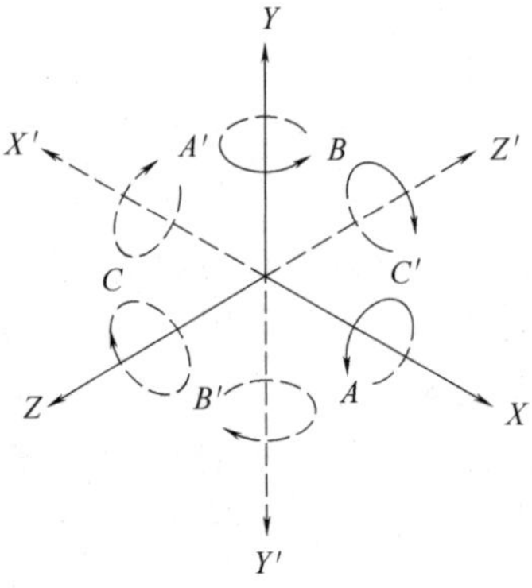

图 2-10 坐标轴及正向

图 2-9 中，大拇指指向 X 轴的正方向，食指指向 Y 轴的正方向，中指指向 Z 轴的正方向，三个手指相互垂直。

（2）正方向的确定

刀具相对于静止工件而运动的原则，且刀具远离工件的方向为坐标轴正方向。旋转坐标轴绕各移动轴旋转，正方向根据右手螺旋法则判定，即大拇指指向移动轴的正向，四指的环绕方向就是旋转轴的正方向，如图 2-10 所示。

（3）数控车床坐标轴

1）Z 轴坐标的运动。一般取产生切削力的主轴轴线方向为 Z 轴方向。

2）X 轴坐标的运动。X 轴一般位于平行于工件装夹面的水平面内，且垂直于 Z 轴，车床上是对应刀架的径向移动方向。

3）Y 轴坐标的运动。Y 轴（车床上通常设为虚轴）与 X 轴和 Z 轴一起构成遵循右手笛卡尔坐标系。数控车床坐标轴如图 2-11 所示。

2.3.2 坐标系的类型

（1）车床坐标系

以车床原点为坐标原点建立起来的直角坐标系称为车床坐标系。车床坐标系是车床固有的，它是制造和调整车床的基础，也是设置工件坐标系的基础，其坐标轴及方向按标准规定，其坐标原点的位置则由各车床生产厂家设定，一般情况下，不允许用户随意变动。车床坐标系的原点又称为车床原点或车床零点，它是数控车床进行加工运动的基准参考点。数控车床原点的位置大多规定在主轴轴心线与装夹盘端面的交点上。卧式数控车床车床坐标系如图 2-12 所示。

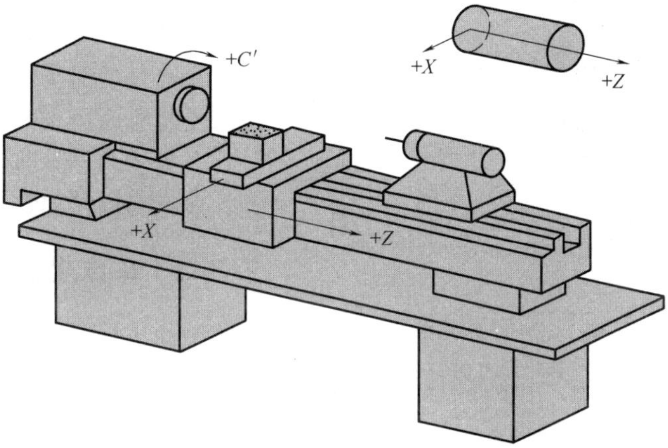

图 2-11 数控车床坐标轴

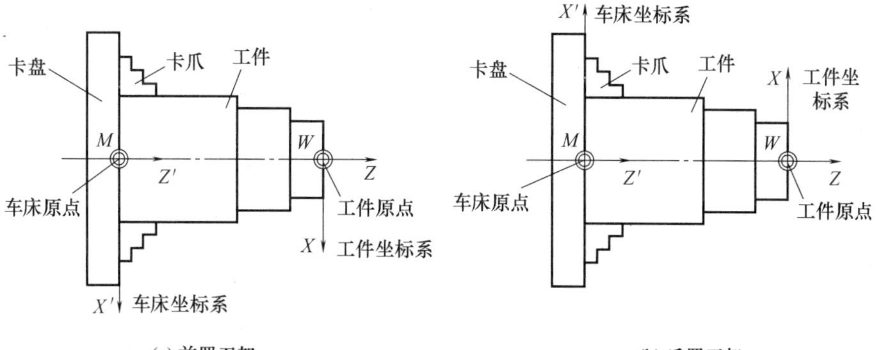

图 2-12 卧式数控车床的车床坐标系与工件坐标系

（2）工件坐标系

工件坐标系又称编程坐标系，是编程人员为方便编写数控程序而建立的坐标系。

工件坐标系原点是由编程人员在编程时根据加工零件图样及加工工艺要求选定的。工件坐标系中各轴的方向应该与所使用的数控车床相应的坐标轴方向一致。卧式数控车床上加工工件，工件坐标系 Z 轴正方向应向右，X 轴正方向水平向前或向后（后置刀架向后，前置刀架向前），与卧式车床坐标系方向一致，如图 2-12 所示。

工件坐标系原点选取应满足编程简单、尺寸换算少、引起的加工误差少等条件。对车床而言，工件坐标系原点一般选在工件轴线与右端面或左端面的交点上。

(3) 车床参考点

车床参考点的位置是由车床制造厂家在每个进给轴上用限位开关精确调整好的，坐标值已输入数控系统中。因此参考点对车床原点的坐标是一个已知数。

数控装置通电时并不知道车床原点，为了在车床工作时正确建立车床坐标系，通常在每个坐标轴的移动范围内设置一个车床参考点（测量起点）。车床启动时，首先要进行机动或手动回参考点，以建立车床坐标系。车床原点实际上是通过返回车床参考点（回零）来确定的。车床参考点与车床原点的关系如图 2-13 所示。

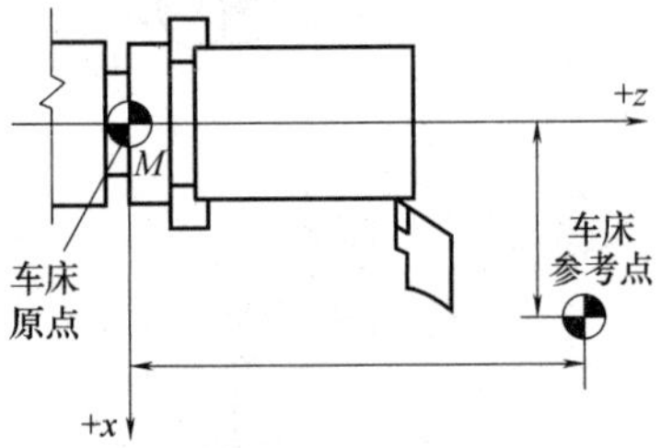

图 2-13 车床参考点与车床原点的关系

车床参考点一般设在坐标轴正向最大极限位置处，但也可以根据需要设在合适位置。

2.3.3 车床坐标系与工件坐标系的关系

工件坐标系是车床坐标系下的一个局部坐标系，其坐标轴与车床坐标系的坐标轴相平行，坐标原点相对车床坐标系原点有一定的偏移量，偏移数据通过对刀操作存储在零点偏置寄存器 G54～G59 中。工件坐标系与车床坐标系的位置关系如图 2-14 所示。

2.3.4 对刀操作

(1) 回零操作

回零即数控车床刀架中心点回到车床参考点，目的是建立车床坐标系。具体操作步骤为：选择“回零”工作方式，点＋X 键，再点＋Z 键，X 向和 Z 向回零灯亮说明已回到零点。

(2) 对刀操作

对刀是为了建立工件坐标系，即告诉数控系统刀具与待加工工件的相对位置关系是怎样的，需要车床操作工手动完成。具体步骤是：选择“手轮（HANDL）”工作方式，控制刀具接近工件，沿 X 向进刀，切削端面，沿 X 向退出，点补偿键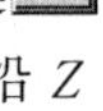——形状，输入“Z0”，点“测量”，Z 坐标就对好了；沿 X 向少量进刀，控制刀具沿 Z 向走刀切削外圆，沿 Z 向退刀，停止主轴转动，使用游标卡尺测量已加工外圆直径，将测量值记下，点补偿键——形状，输入“X＋”测量值，点“测量”。

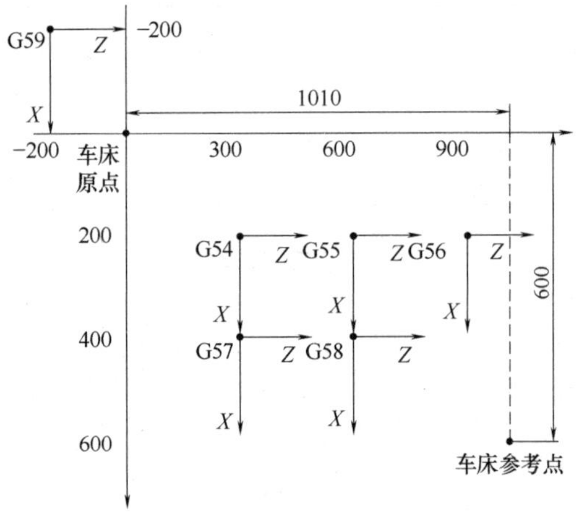

图 2-14 工件坐标系与车床坐标系的位置关系

【项目作业】

1. 机械加工工艺流程包含哪些内容？工序、工步的定义是什么？

2. 机械零件数控加工工艺设计的步骤是什么？如何划分工序、工步？

3. 零件数控加工程序的编制步骤是什么？

4. 数控车削加工对刀具有哪几方面的要求？刀具材料应具有哪些性能？

5. 车刀的几何角度有哪些？其对切削的影响分别是什么？

6. 数控车床的通用夹具是什么？对工件的装夹要求有哪些？

7. 何谓车床坐标系和工件坐标系？其主要区别和联系是什么？

8. 简述车床原点、车床参考点和工件坐标原点的位置及作用。

9. 数控车床对刀操作的步骤是什么？

10. 编程前进行工艺处理的目的是什么？工艺处理包括哪些内容？

11. 在宇龙软件上完成下表所列刀具。填写下表并保存对刀项目以备后续加工使用。

刀具号	车刀型号	刀刃	刀尖半径	刀具(刀台)类型	刀具长	对刀偏置值	
						X	Z
T01	35°刀尖角车刀	16	0.2	外圆左向横柄，主偏角 95°	60		
T02	方头切槽刀片	2	0	外圆切槽柄，槽深 34	60		
T03	60°螺纹车刀	11	0	外螺纹柄	60		
T04	35°刀尖角车刀	16	0.2	内孔(左向)，加工深度 120，最小直径 20，主偏角 95°	80		

12. 在实训车间完成上表刀具组的真实对刀操作，并编制校验程序使刀具靠近编程原点，用塞尺或卡尺检查靠近距离是否满足程序编制值。

项目3 CHAPTER 3 简单阶梯轴零件加工

【学习目标】

完成本学习任务后，你应当能：

◆ 掌握带圆弧的阶梯轴零件的结构特点、加工工艺特点、工艺性能、工艺编制方法。

◆ 掌握数控系统的 G02、G03、G41、G42、G40、G74、G75、G32、G92、G90、G94 等指令的编程格式及应用。

◆ 能正确运用数控仿真系统软件，调试校验编写的零件程序，并虚拟加工。

◆ 能在车间实践加工轴类零件并实施检测。

◆ 会轴类零件的数控仿真加工。

◆ 槽的种类及切槽指令、切槽刀具的选择。

◆ 沟槽量具的使用，加工质量的评估、分析。

◆ 掌握螺纹相关的基本知识。

◆ 掌握带螺纹的阶梯轴零件的工艺编制方法。

◆ 能分析掌握带螺纹的阶梯轴零件的结构特点、特殊加工要求，理解加工技术要求。

◆ 会分析掌握带螺纹的阶梯轴零件的工艺性能，能正确选择设备、刀具、夹具与切削用量，能编制数控加工工艺卡。

建议完成本学习任务为 16 课时。

【项目导读】

本项目主要有直线阶梯轴的加工，圆弧型阶梯轴的加工，切槽、切断加工，螺纹轴的加工四个任务。通过该项目的学习让学生能正确运用基本编程指令，能编制一般轴类零件的加工程序，会轴类零件的数控仿真加工，能使用数控车床进行零件加工，能够正确使用各种量具进行检查以及对加工质量的评估、分析。

任务 3.1　直线型阶梯轴的加工

【任务目标】

【知识目标】

1）掌握基本指令 G00、G01 格式及用法。

2）掌握外圆车削简单循环指令 G90 格式及用法。

3）掌握端面车削简单循环指令 G94 格式及用法。

【能力目标】

1）会使用 G90、G94 编程指令编写直线阶梯轴加工程序。

2）能正确利用常用量具对轴类零件进行测量。

【知识链接】

3.1.1　轴类零件的装夹

车削加工前，必须将零件放在车床夹具中定位和夹紧，使零件在整个切削过程中始终保持正确的位置。根据轴类零件的形状、大小、精度、数量的不同，可采用不同的装夹方法。

（1）在三爪自定心卡盘上装夹

三爪自定心卡盘（图 3-1）的三个卡爪是同步运动的，能自动定心，装夹一般不需找正，故装夹零件方便、省时，但夹紧力较小，常用于装夹外形规则的中、小型零件。三爪自定心卡盘有正爪、反爪两种形式，反爪用于装夹直径较大的零件。

（2）在四爪单动卡盘上装夹

四爪单动卡盘（图 3-2）的卡爪是各自独立运动的，因此在装夹零件时必须找正后才可车削，但找正比较费时。其夹紧力较大，常用于装夹大型或形状不规则的零件。四爪单动卡盘的卡爪可装成正爪或反爪，反爪用于装夹较大的零件。

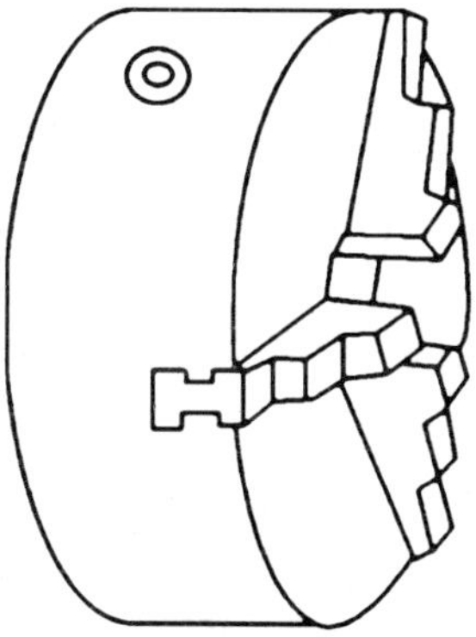

图 3-1　三爪单动卡盘

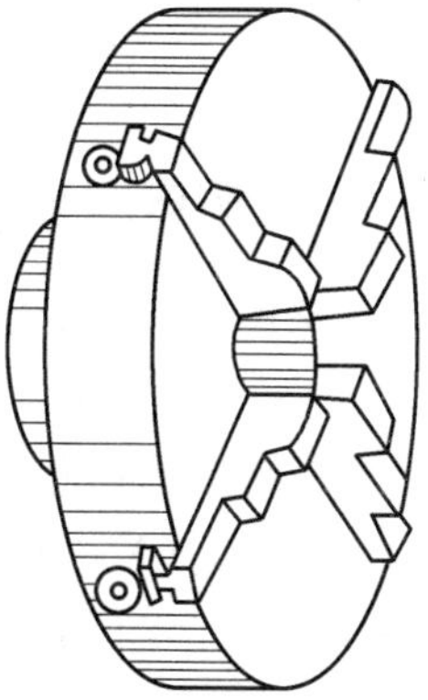

图 3-2　四爪单动卡盘

（3）用双顶尖装夹

对于较长或工序较多的零件，为保证多次装夹的精度，采用双顶尖装夹的方法，如图 3-3 所示。用双顶尖装夹零件方便，无须找正，重复定位精度高，但装夹前需保证零件总长并在两端钻出中心孔。

（4）用一夹一顶装夹

用双顶尖装夹零件精度高，但刚性较差，故在车削一般轴类零件时采用一端用卡盘夹住，另一端用顶尖顶住的装夹方法，如图 3-4 所示。为防止切削时产生轴向位移，可采用限位支承或台阶限位，其中台阶限位安全、刚性好、能承受较大切削力，故应用广泛。

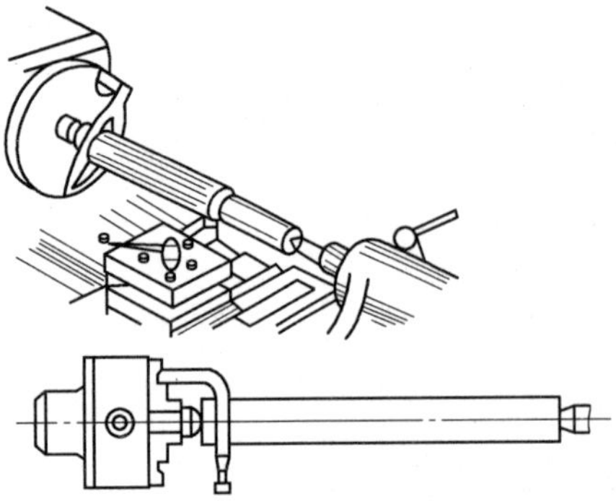

图 3-3 双顶尖装夹零件

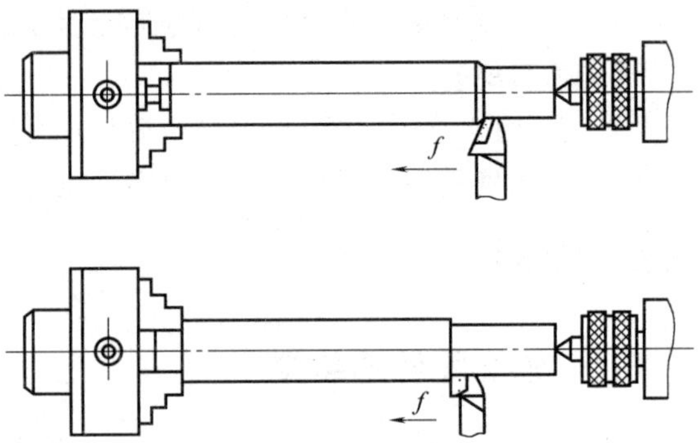

图 3-4 一夹一顶装夹零件

（5）工件装夹的原则

1）用三爪自定心卡盘装夹工件时，若工件直径≤30mm，其悬伸长度应不大于直径的 5 倍，若工件直径>30mm，其悬伸长度应不大于直径的 3 倍。

2）当工件长度较长或很长，为增加工件的刚性，防止在车削过程中产生振动、崩刀等，需采用一夹一顶或使用跟刀架装夹。

3）当加工轴类零件时，各个表面的同轴度要求很高。可采用双顶尖装夹。

4）加工一些特殊的零件，如薄壁套，要使用辅助夹具。车内孔时使用开口套筒，以减少工件的变形。车外圆时使用小锥度心轴，以内孔定位。

5）被加工表面的回转轴线与基准面相互垂直的外形较复杂的工件（如壳体）可采用花盘装夹。

3.1.2 数控车床编程特点

数控车床编程的主要特点如下：

1）在一个程序段中，可以采用绝对值编程（用 *X*、*Z* 表示）、增量值编程（用 *U*、*W* 表示）或者二者混合编程。

2）直径方向（*X* 方向）用绝对值编程时，*X* 以直径值表示；用增量值编程时，以径向实际位移量的二倍值表示，并附方向符号（正向可以省略）。

3）车削加工毛坯余量较大时，为简化编程，数控装置常备有不同形式的固定循环，可以进行多次重复循环切削。

4）编程时，常认为车刀刀尖是一个点，而实际上为了提高刀具寿命和工件表面质量，车刀刀尖常被磨成一个圆弧，因此，当编制加工程序时，需要考虑对刀具进行半径补偿。

3.1.3 程序的结构

数控程序是若干个程序段的集合。每个程序段独占一行。每个程序段由若干个字组成，每个字由地址和跟随其后的数字组成。地址是一个英文字母。一个程序段中各个字的位置没有限制，但是，长期以来如表 3-1 所示的排列方式已经成为大家都认可的方式。

表 3-1 排列方式

N-	G-	X-Y-Z-	…	F-	S-	T-	M-	LF
行号	准备功能	位置代码		进给速度	主轴转速	刀具号	辅助功能	行结束

在一个程序段中如果有多个相同地址的字出现，或者同组的 G 功能，取最后一个有效。

(1) 行号

N×××× 程序的行号可以不要，但是有行号的话在编辑时会方便些。行号可以不连续。行号最大为 9999，超过后再从 1 开始。

选择跳过符号“/”，只能置于一条程序的起始位置，如果有这个符号，并且车床操作面板上“选择跳过”打开，本条程序不执行。这个符号多用在调试程序，如在开冷却液的程序前加上这个符号，在调试程序时可以使这条程序无效，而正式加工时使其有效。

(2) 准备功能

地址“G”和数字组成的字表示准备功能，也称之为“G 功能”，见表 3-2。G 功能根据其功能分为若干个组，在同一条程序段中，如果出现多个同组的 G 功能，那么取最后一个有效。

G 功能分为模态与非模态两类。一个模态 G 功能被指令后，直到同组的另一个 G 功能被指令才无效，而非模态的 G 功能仅在其被指令的程序段中有效。常用 G 功能指令如表 3-2 所示。

表 3-2 准备功能指令

代码	功　　能	代码	功　　能
G00	快速点位移动	G54	选择工件坐标系 1
G01	直线插补	G55	选择工件坐标系 2
G02	顺圆插补	G56	选择工件坐标系 3
G03	逆圆插补	G57	选择工件坐标系 4
G04	暂停	G58	选择工件坐标系 5
G10	可编程数据输入	G59	选择工件坐标系 6
G11	注销可编程数据输入	G65	宏程序调用
G18	*ZX* 平面选择	G66	宏程序模态调用
G20	英寸输入	G67	宏程序模态调用取消
G21	毫米输入	G70	精车循环
G22	存储行程检查接通	G71	轮廓粗车循环
G23	存储行程检查断开	G72	轮廓粗车循环
G27	返回参考点检查	G73	轮廓粗车循环
G28	返回参考点	G74	排屑钻端面孔
G30	返回第 2、第 3 和第 4 参考点	G75	外径/内径钻孔
G31	跳转功能	G76	螺纹循环
G32	等螺距螺纹切削	G90	固定循环
G34	变螺距螺纹加工	G92	螺纹循环
G40	注销刀具半径补偿	G94	固定循环/每分钟进给
G41	刀具半径补偿(左)	G95	每转进给
G42	刀具半径补偿(右)	G96	恒表面切削速度控制
G50	工件坐标系的设立	G97	恒表面切削速度控制取消

例：

…

N10 G01 X250. Y320. ;

N11 G04 X100;

N12 G01 Z－120. ;

N13 X380. Y400. ;

…

在这个例子的 N12 程序条中出现了“G01”功能，由于这个功能是模态的，所以尽管在 N13 程序条中没有“G01”，但是其作用还是存在的。

（3）辅助功能

地址“M”和两位数字组成的字表示辅助功能，也称之为“M 功能”，见表 3-3。

表 3-3　辅助功能指令

代码	意　义	代码	意　义
M00	停止程序运行	M06	换刀指令
M01	选择性停止	M08	冷却液开启
M02	结束程序运行	M09	冷却液关闭
M03	主轴正向转动开始	M32	结束程序运行且返回程序开头
M04	主轴反向转动开始	M98	子程序调用
M05	主轴停止转动	M99	子程序结束

（4）主轴转速

地址“S”后跟四位数字，格式：S××××

G96 是接通恒线速度控制的指令，当 G96 执行后，S 后面的数值为切削速度。例如：

G96　S100

表示切削速度 100mm/min。

G97 是取消 G96 的指令。执行 G97 后，S 后面的数值表示主轴每分钟转数。例如：

G97　S800

表示主轴转速为 800r/min，系统开机状态为 G97 指令。

（5）进给功能

地址“F”后跟四位数字，格式：F××××

在含有 G99 程序段后面，再遇到 F 指令时，则认为 F 所指定的进给速度单位为 mm/r。系统开机状态为 G99，只有输入 G98 指令后，G99 才被取消，而 G98 为每分钟进给，单位为 mm/min。

（6）T 功能

该指令用来控制数控系统进行选刀和换刀。用地址 T 和其后的数字来指定刀具号和刀具补偿号，例如“T0202”表示采用 2 号刀具和 2 号刀补。

3.1.4　基本指令

在数控车床的程序中，X、Z 后面跟的是绝对尺寸，U、W 后面跟的是增量尺寸。X、

Z 后所有编入的坐标值全部以编程原点为基准，U、W 后所有编入的坐标值全部以刀具前一个坐标位置作为起始点来计算。

（1）快速点位移动 G00

格式：G00 X（U）__ Z（W）__；

其中，X（U）__、Z（W）__为目标点坐标值。

说明：

1）执行该指令时，刀具以车床规定的进给速度从所在点以点位控制方式移动到目标点。移动速度不能由程序指令设定，它的速度已由生产厂家预先设定。若编程时设定了进给速度 F，则对 G00 程序段无效。

2）G00 为模态指令，只有遇到同组指令时才会被取消。

3）X、Z 后面跟的是绝对坐标值，U、W 后面跟的是增量坐标值。

4）X、U 后面的数值应乘以 2，即以直径方式输入，且有正、负号之分。

如图 3-5 所示，要实现从起点 A 快速移动到目标点 C。

其绝对值编程方式为：G00 X141.2 Z98.1；

其增量值编程方式为：G00 U91.8 W73.4；

执行上述程序段时，刀具实际的运动路线不是一条直线，而是一条折线。首先刀具从点 A 以快速进给速度运动到点 B，然后再运动到点 C。因此，在使用 G00 指令时要注意刀具是否和工件及夹具发生干涉，对不适合联动的场合，两轴可单动。如果忽略这一点，就容易发生碰撞，而在快速状态下的碰撞就更加危险。

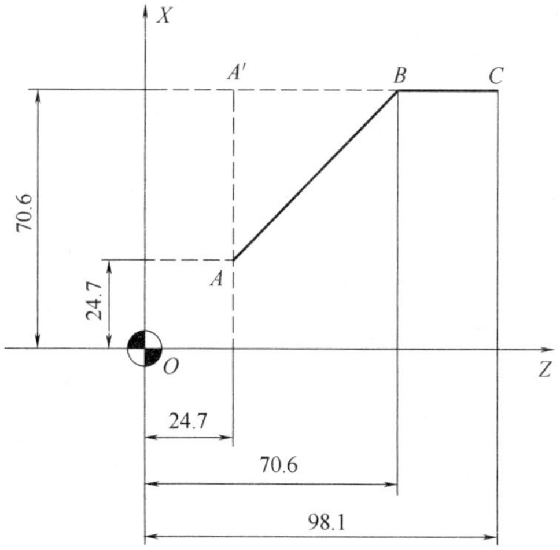

图 3-5 快速点定位

（2）直线插补 G01

直线插补也称直线切削，该指令使刀具以直线插补运算联动方式由某坐标点移动到另一坐标点，移动速度由进给功能指令 F 来设定。车床执行 G01 指令时，如果之前的程序段中无 F 指令，在该程序段中必须含有 F 指令。G01 和 F 都是模态指令。

格式：G01 X（U）__ Z（W）__ F __；

其中，X（U）、Z（W）为目标点坐标，F 为进给速度。

说明：

1）G01 指令是模态指令，可加工任意斜率的直线。

2）G01 指令后面的坐标值取绝对尺寸还是取增量尺寸，由尺寸地址决定。

3）G01 指令进给速度由模态指令 F 决定。如果在 G01 程序段之前的程序段中没有 F 指令，而当前的 G01 程序段中也没有 F 指令，则车床不运动，车床倍率开关在 0%位置时车床也不运动。因此，为保险期间 G01 程序段中必须含有 F 指令。

4）G01 指令前若出现 G00 指令，而该句程序段中未出现 F 指令，则 G01 指令的移动速度按照 G00 指令的速度执行。

（3）倒角和倒圆（G01 指令的特殊用法）

G01 指令在编程中还有一种特殊用法，即倒角（图 3-6）和倒圆（图 3-7）。

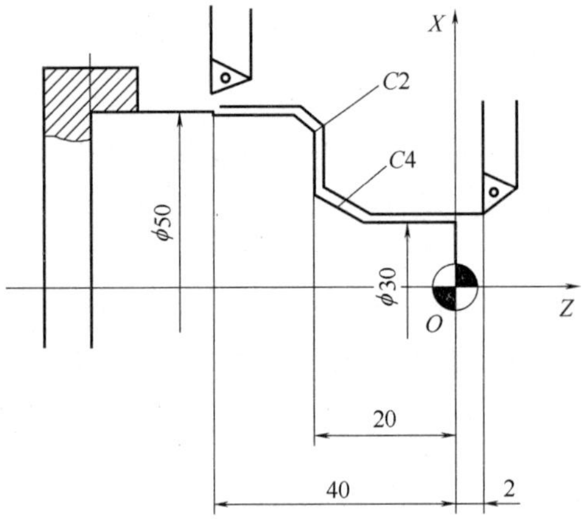

图 3-6 用 G01 指令倒角

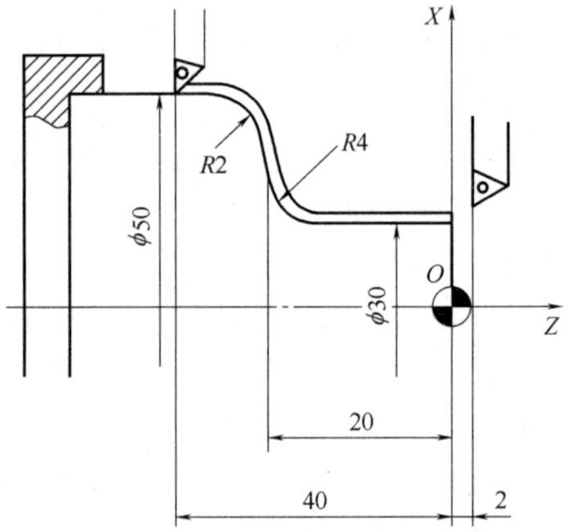

图 3-7 用 G01 指令倒圆

【任务实施】

（1）布置任务

如图 3-8 所示的阶梯轴零件，已知材料为 45 钢，毛坯尺寸为 ϕ28mm×100mm。要求分析零件的加工工艺，编写零件的数控加工程序，并通过仿真调试优化程序，最后进行零件的加工检验。

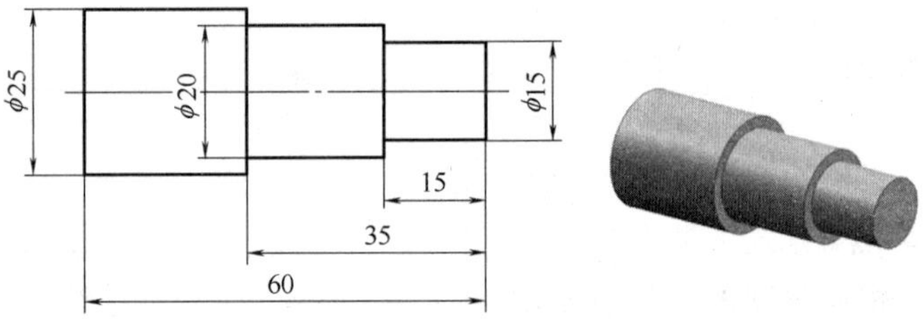

(a) 零件图　　(b) 实体图

图 3-8 阶梯轴类零件

（2）任务工艺分析

1）零件图分析。如图 3-8 所示的零件由阶梯状的圆柱面组成，零件的尺寸精度要求一般。从右至左，零件的外径尺寸依次增大。

2）确定装夹方案。该零件为轴类零件，轴心线为工艺基准，加工外表面用三爪自定心卡盘夹持 ϕ28mm 外圆一次装夹完成加工。

3）加工工艺路线设计。

① 车端面。

② 粗车 ϕ25mm、ϕ20mm、ϕ15mm 外圆，留余量 0.5mm。

③ 从右至左精加工各面。

④ 切断。

4）刀具选择。

① 90°外圆车刀 T0101：用于车端面和粗、精车外圆。

② 切槽刀（宽为 3mm）T0202：用于切断。

（3）程序编制

工件原点设在零件的右端面，程序如下：

O0001；	程序号
N10 M03 S600　T0101；	换 1 号刀
N20 G00 X30.0　Z2.0；	
N30 G00 X0　Z0　F100；	
N40 G01 X25.5 Z0 F150；	车端面
N50 G01 Z－62.0 X28.0；	粗车外圆
N60 G00 Z2.0 X20.5；	
N70 G01 Z－35.0 X28.0；	
N80 G00 Z2.0 X15.5；	
N90 G01 Z－15.0 X21.0；	
N100 G00 Z2.0；	
N110 G00 X15.0 Z2.0 S800；	
N120 G01 X15.0 Z－15.0 F80；	精车 ϕ15mm 外圆
N130 X20.0 Z－35.0；	精车 ϕ20mm 外圆
N140 X25.0 Z－62.0；	精车 ϕ25mm 外圆
N150 G00 X50.0 Z50.0	
N160 G00 X32.0 Z－63.0 T0202；	换 2 号切断刀，使用 2 号刀补
N170 G01 X1.0 F40；	切断
N180 G00 X50.0 Z50.0 T0200 M05；	
N190 M02；	

（4）仿真加工

使用数控加工仿真软件对加工程序进行检验，正确进行数控加工仿真的操作，完成零件的仿真加工。

（5）车间实际加工

通过仿真加工后，确定零件程序的正确性后，在实训车间对该零件进行实际操作加工。

1）零件的夹紧。零件的夹紧操作要注意夹紧力与装夹部位，是毛坯时夹紧力可大些；是已加工表面，夹紧力就不可过大，以防止夹伤零件表面，还可用铜皮包住表面进行装夹；有台阶的零件尽量让台阶靠着卡爪端面装夹；带孔的薄壁件需用专用夹具装夹，以防止变形。

2）刀具的装夹。刀尖高度与工件的回转中心线等高，刀尖伸出长度约为刀具厚度的 1.5 倍。

（6）零件检测及评价

利用游标卡尺、外径千分尺、内径千分尺、表面粗糙度工艺样板等量具测量工件。学生对自己加工的零件进行检测，包括尺寸精度的检测和零件加工质量的检测。

3.1.5 单一循环指令

3.1.5.1 内外径切削循环 G90

（1）直线切削循环

G90 X（U）__ Z（W）__ F __；

按开关进入单一程序块方式，操作完成如图 3-9 所示 1→2→3→4 路径的循环操作。U 和 W 的正负号（+/-）在增量坐标程序里是根据 1 和 2 的方向改变的。

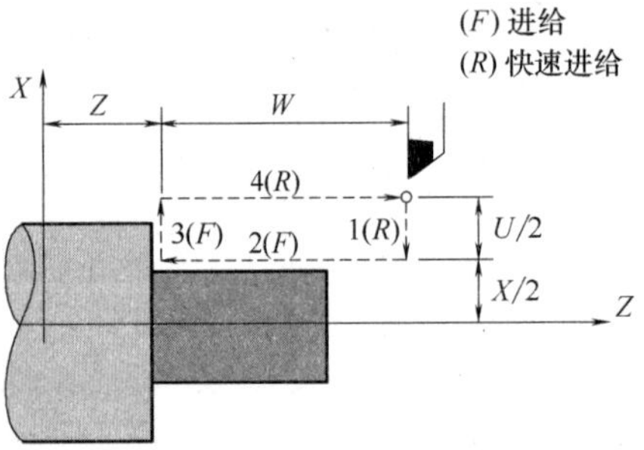

图 3-9 G90 直线切削循环走刀路线

（2）锥体切削循环

G90 X（U）__ Z（W）__ R __ F __；

必须指定锥体的“R”值。R 为锥面大小径之差。在编程时计算出 X 向的终点坐标和起点坐标，然后用锥面切削起点 X 坐标减去锥面切削终点 X 坐标，再除以 2 就是 R 值。R 带正负号，判断正负的方法是 X 值的终点尺寸相对于起点尺寸，终点尺寸大于起点尺寸 R 为负值，终点尺寸小于起点尺寸 R 为正值。切削功能的用法与直线切削循环类似。

（3）走刀路线

G90 加工锥面走刀路线如图 3-10 所示，注意这是后置刀架。

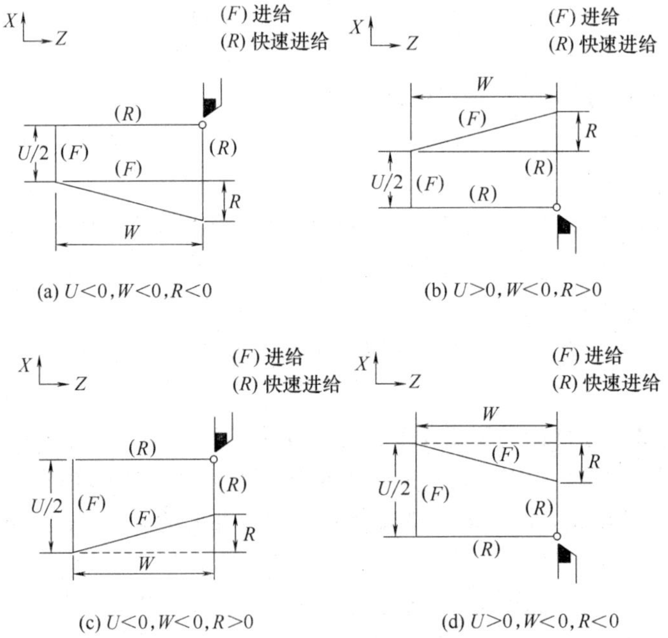

图 3-10 G90 加工锥面走刀路线

(4) G90 编程实例

1) 使用 G90 完成如图 3-11 所示的直线型阶梯轴零件加工程序的编制，零件毛坯 ϕ35mm。

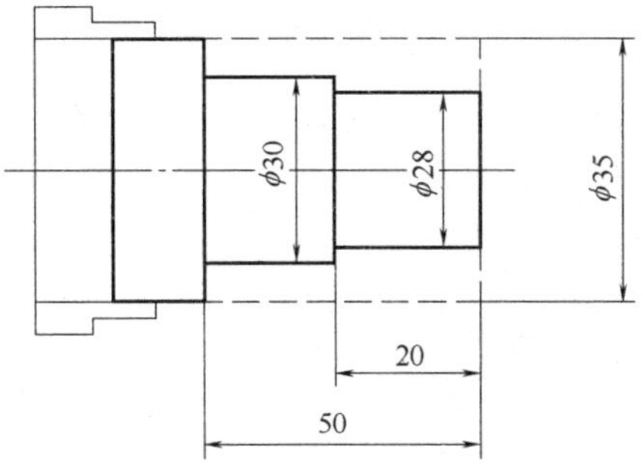

图 3-11 直线型阶梯轴零件

```
O1008
T0101 M03 S600          换刀启动主轴
G00 X40 Z3              定刀
G90 X31 Z-50 F100       粗车φ30mm 外圆
G90 X29 Z-20            粗车φ28mm 外圆
G00 X28 S800            定刀
G01 Z-20 F80            精车φ28mm 外圆
X30
Z-50                    精车φ30mm 外圆
G00 X36
X80 Z10                 退刀
M05                     主轴停
M30                     程序结束
```

2) 使用 G90 完成如图 3-12 所示的锥轴零件加工程序的编制，零件毛坯 ϕ35mm。

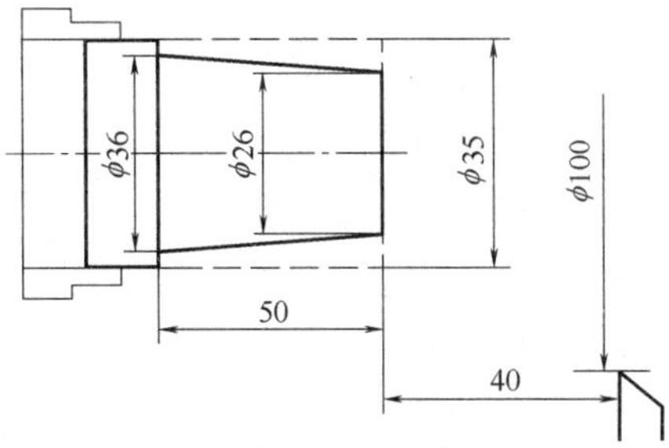

图 3-12 锥轴零件

```
O1008
T0101 M03 S600                  换刀启动主轴
G00 X100 Z40                    定刀
G00 X40 Z5
G90 X31 Z-50 I-2.2 F100         车锥面第一刀
G90 X30 Z-50 I-2.2 F80          车锥面第二刀
G00 X100 Z40                    退刀
M05
M30
```

3.1.5.2 端面切削循环 G94

(1) 平端面切削循环

1) 指令格式：G94 X (U)__ Z (W)__ F __。

2) 走刀路线如图 3-13 所示，注意这是后置刀架。

(2) 锥端面削循环

1) 指令格式：G94 X (U)__ Z (W)__ R __ F __。

2) 走刀路线如图 3-14 所示，注意这是后置刀架。

3.1.6 华中系统单一循环指令

3.1.6.1 内外径切削循环 G80

(1) 圆柱面内 (外) 径切削循环

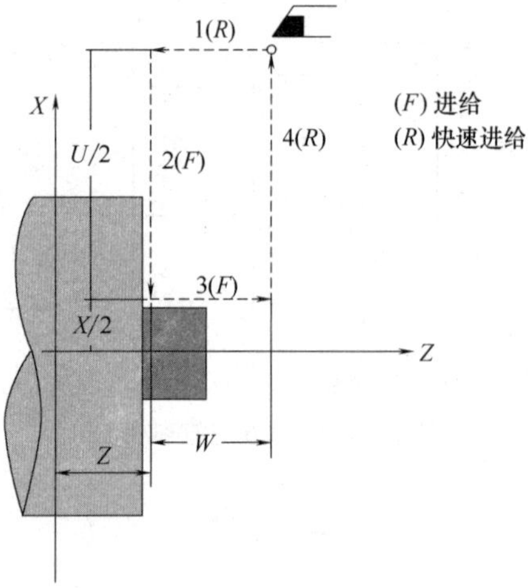

图 3-13 平端面切削循环走刀路线

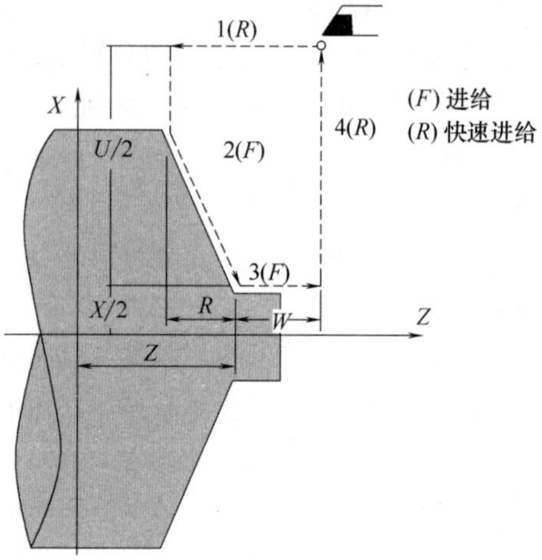

图 3-14 锥端面削循环走刀路线

1）格式：G80 X __ Z __ F __。

2）说明：

X、Z：绝对值编程时，为切削终点 C 在工件坐标系下的坐标；增量值编程时，为切削终点 C 相对于循环起点 A 的有向距离，图形中用 U、W 表示，其符号由轨迹 1 和 2 的方向确定。

3）走刀路线如图 3-15 所示，注意这是后置刀架。

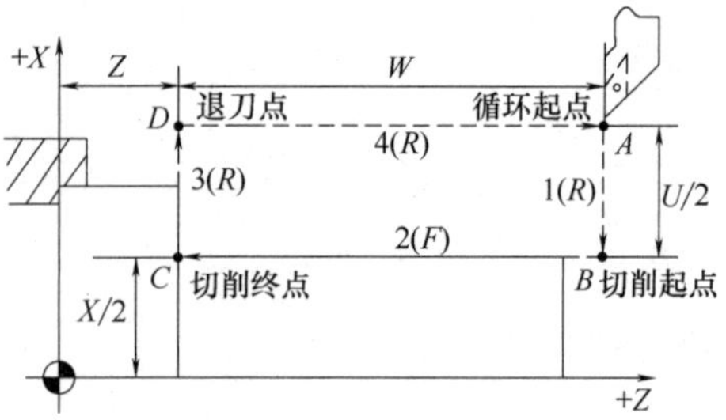

图 3-15 G80 切圆柱面走刀路线

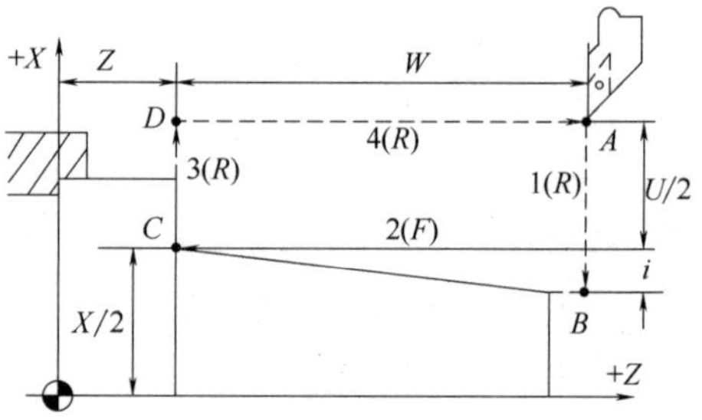

图 3-16 G80 切圆锥面走刀路线

（2）圆锥面内（外）径切削循环

1）格式：G80 X __ Z __ I __ F __。

2）说明：

X、Z：绝对值编程时，为切削终点 C 在工件坐标系下的坐标；增量值编程时，为切削终点 C 相对于循环起点 A 的有向距离，图形中用 U、W 表示。

I 为切削起点 B 与切削终点 C 的半径差，其符号为差的符号（无论是绝对值编程还是增量值编程）。

3）走刀路线如图 3-16 所示，注意这是后置刀架。

3.1.6.2 端面切削循环 G81

（1）端平面切削循环

1）格式：G81 X __ Z __ F __。

2）说明：

X、*Z*：绝对值编程时，为切削终点 *C* 在工件坐标系下的坐标；增量值编程时，为切削终点 *C* 相对于循环起点 *A* 的有向距离，图形中用 *U*、*W* 表示，其符号由轨迹 1 和 2 的方向确定。

（2）圆锥端面切削循环

1）格式：G81 X __ Z __ K __ F __。

2）说明：

X、*Z*：绝对值编程时，为切削终点 *C* 在工件坐标系下的坐标；增量值编程时，为切削终点 *C* 相对于循环起点 *A* 的有向距离，图形中用 *U*、*W* 表示。

K：为切削起点 *B* 相对于切削终点 *C* 的 *Z* 向有向距离。

3.1.7 华中系统常用准备功能

华中数控世纪星系统在生产和实训中也有广泛应用。华中世纪星数控车床准备功能指令如表 3-4 所示。

表 3-4 华中世纪星数控车床准备功能指令

代码	组号	意义
G00	01	快速定位
G01		直线插补
G02		圆弧插补（顺时针）
G03		圆弧插补（逆时针）
G04	00	暂停延时
G20	08	英制输入
G21		公制输入
G27	00	参考点返回检查
G28		返回到参考点
G29		由参考点返回
G32	01	螺纹切削
G40	09	刀具半径补偿取消
G41		刀具半径左补偿
G42		刀具半径右补偿
G52	00	局部坐标系设定
G54	11	零点偏置
G55		
G56		
G57	11	零点偏置
G58		
G59		
G65	00	宏指令简单调用
G66	12	宏指令模态调用
G67		宏指令模态调用取消
G90	13	绝对值编程
G91		增量值编程
G92	00	坐标系设定
G80	01	内、外径车削单一固定循环
G81		端面车削单一固定循环
G82		螺纹车削单一固定循环
G94	14	每分进给
G95		每转进给
G71	06	内、外径车削复合固定循环
G72		端面车削复合固定循环
G73		封闭轮廓车削复合固定循环
G76		螺纹车削复合固定循环

【任务作业】

1. 毛坯为 ϕ90mm 的棒料，材料为 45 钢，要求完成零件的数控加工，车削尺寸如图 3-17 中要求。

2. 毛坯为 ϕ47mm 的棒料，材料为 45 钢，要求完成零件的数控加工，车削尺寸如图

3-18 中要求。

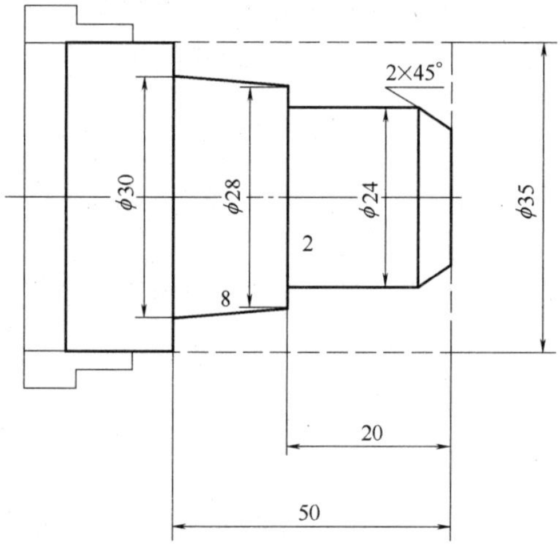

图 3-17 阶梯轴

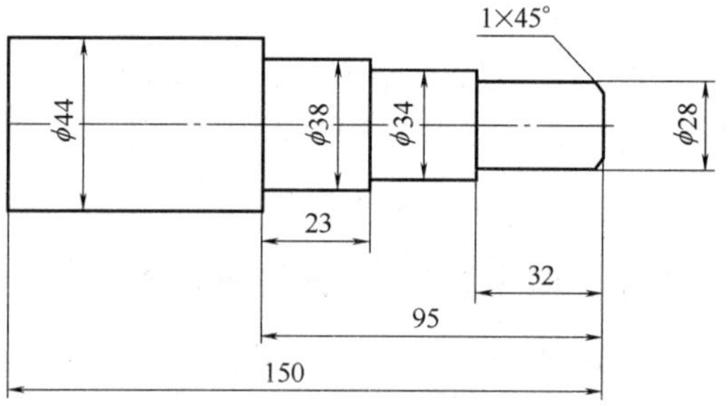

图 3-18 直线型阶梯轴

任务 3.2 圆弧型阶梯轴的加工

【任务目标】

【知识目标】

1） 了解带圆弧的阶梯轴零件的结构特点、加工工艺特点和工艺性能。

2） 掌握数控系统的 G02 、G03、G41 、G42、G40 等指令的编程格式及应用。

3） 掌握带圆弧的阶梯轴零件的工艺编制方法。

【能力目标】

1） 会使用 G02、G03、G41、G42、G40 指令编写圆弧阶梯轴加工程序。

2） 会分析掌握带圆弧的阶梯轴零件的工艺性能，能编制数控加工工艺卡。

3） 能正确运用数控仿真系统软件，调试校验编写的零件程序，并虚拟加工。

【知识链接】

含圆弧的零件是数控车削加工的典型加工零件，如何制定含圆弧零件的数控加工工艺，并编制数控程序？本任务以圆弧阶梯轴为例加以说明。首先学习与含圆弧零件相关的数控加工工艺和数控编程指令，其次针对本例具体分析图样、加工工艺、设计加工工艺方案，编制工艺卡、刀具卡等数控加工技术文件，编程仿真加工及实际车间加工并进行质量检测。

3.2.1 圆弧常用加工方法

（1） 阶梯法

图 3-19 为车圆弧的阶梯切削路线：先粗车阶梯，最后一刀精车圆弧。

（2）同心圆法

图 3-20 为车圆弧的同心圆弧切削路线：用不同的半径圆来车削，最后将所需圆弧加工出来。

（3）车锥法

图 3-21 为车圆弧的车锥法切削路线：先车一个圆锥，再车圆弧。

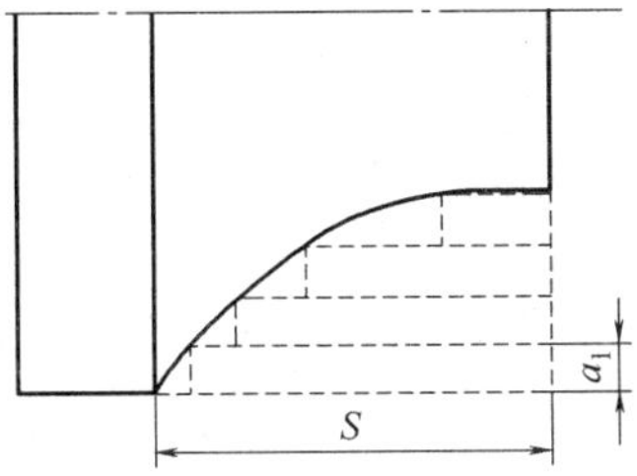

图 3-19　阶梯法

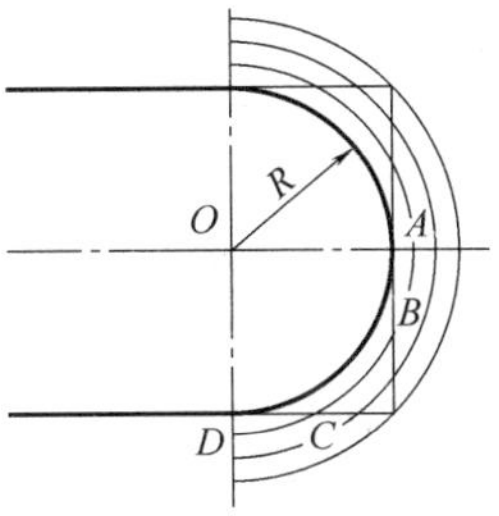

图 3-20　同心圆法

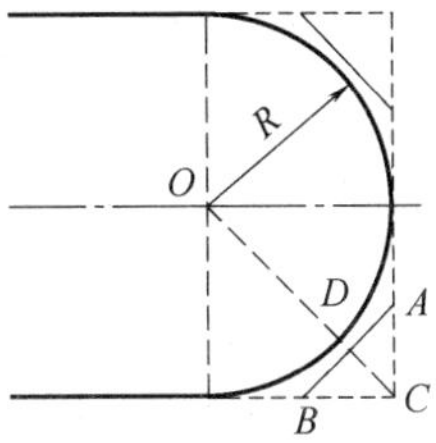

图 3-21　车锥法

（4）凹圆弧加工方法

凹圆弧的加工方法如图 3-22 所示。

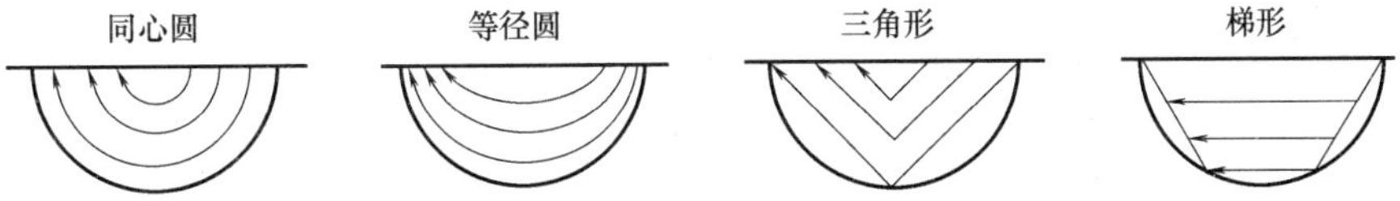

图 3-22　凹圆弧加工方法

上述各种加工方法中：

1）程序段数最少的为同心圆及等径圆形式。

2）走刀路线最短的为同心圆形式，其余依次为三角形、梯形及等径圆形式。

3）计算和编程最简单的为等径圆形式（可利用程序循环功能），其余依次为同心圆、三角形和梯形形式。

4）金属切除率最高、切削力分布最合理的为梯形形式。

5）精车余量最均匀的为同心圆形式。

3.2.2　圆弧加工编程方法

（1）圆弧顺逆的判断

1）圆弧插补的顺逆方向判断原则：沿圆弧所在平面（*XZ* 平面）的垂直坐标轴的负方向看去，顺时针方向为 G02，逆时针方向为 G03，如图 3-23 所示。

2）根据刀架的位置判断圆弧插补的顺逆，如图 3-24 所示。

（2）圆弧插补指令 G02/G03

$$\begin{Bmatrix}\mathrm{G02}\\ \mathrm{G03}\end{Bmatrix}\mathrm{X}\_\_\ \mathrm{Z}\_\_\begin{Bmatrix}\mathrm{I}\_\_\ \mathrm{K}\_\_\\ \mathrm{R}\_\_\end{Bmatrix}\mathrm{F}\_\_$$

1）圆弧半径 *R* 编程法。

顺时针圆弧插补指令：G02 X（U）__　Z（W）__　R__　F__；

逆时针圆弧插补指令：G03 X（U）__　Z（W）__　R__　F__；

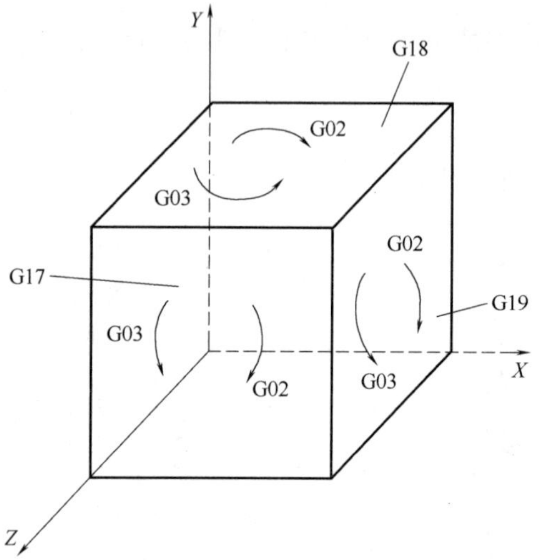

图 3-23 圆弧顺时针和逆时针判断

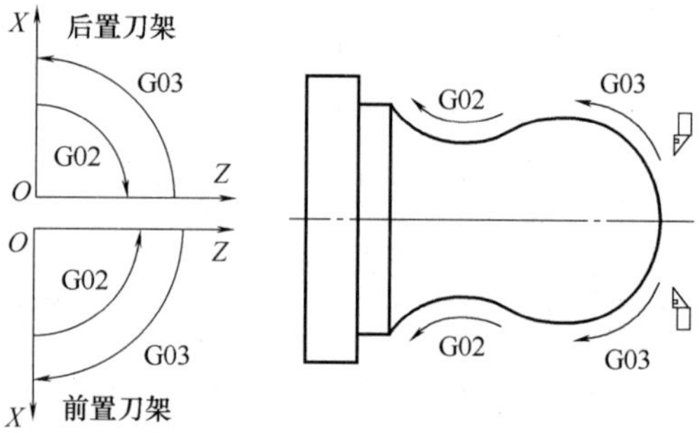

图 3-24 圆弧的顺逆方向与刀架位置的关系

注 意:

1）参数：X、Z 为绝对编程时，圆弧终点在工件坐标系中的坐标值；U、W 为增量编程时，圆弧终点相对于圆弧起点的位移量；R 为圆弧的半径；F 为进给速度。

2）当圆弧对应圆心角 $\alpha \leqslant 180°$ 时 R 取正值，当圆弧对应圆心角 $180° < \alpha < 360°$ 时 R 取负值，如图 3-25 所示。

3）半径编程方法，只能用于非整圆编程，不适于整圆编程，整圆编程时需要用 I、K 编程法。

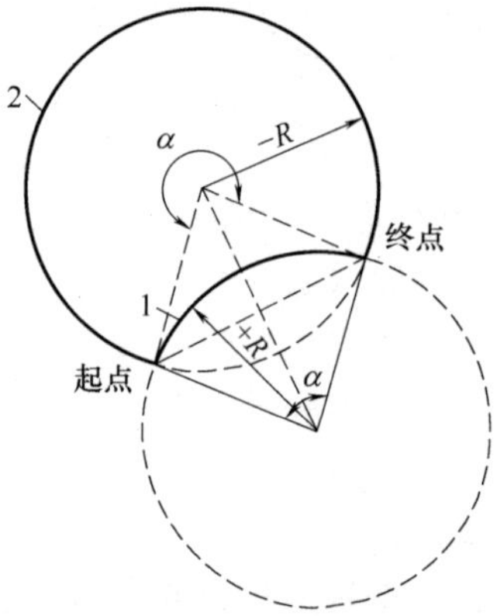

图 3-25 用 R 编程时正、负值的判断

2）说明。如果在数控车里面，圆弧圆心角 $\alpha \leqslant 180°$，同时 R 值是知道的，就不必用 I、K 方式编程，用 R 方式编程即可。

3.2.3 刀尖圆弧补偿半径功能

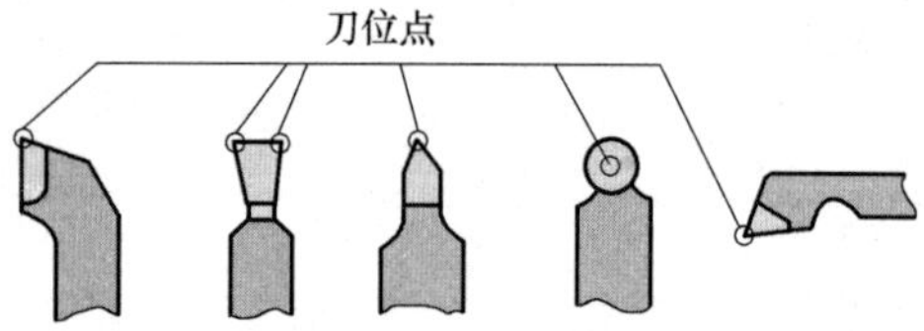

图 3-26 刀位点

3.2.3.1 刀位点的概念

所谓刀位点是指编制程序和加工时，用于表示刀具特征的点，也是对刀和加工的基准点。各种车刀的刀位点位置如图 3-26 所示。

3.2.3.2 刀尖圆弧半径补偿的概念

数控车床加工是以车刀理想刀尖为基准编写数控轨迹代码的，假想刀具刀尖沿着工件轮廓切削加工，一般将刀尖看作一个点来考虑，对刀时也希望能以理想刀尖来对刀。但实际加工中，为了降低被加工工件表面的粗糙度，减缓刀具磨损，提高刀具寿命，一般在车刀刀尖处磨成圆弧过渡刃，这样就产生了假想刀尖，如图3-27中A点所示。

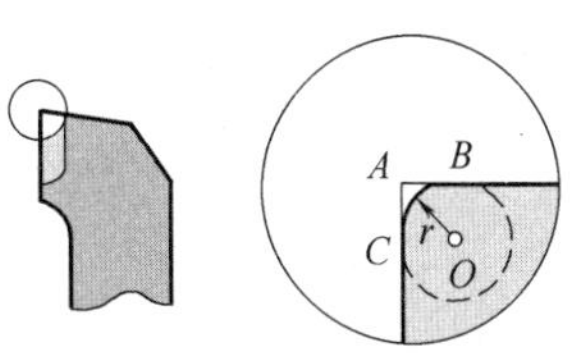

图 3-27 假想刀尖示意图

由于刀尖圆角的存在，X向、Z向（图 3-28）对刀所获得的刀尖位置是一个假想刀尖。用假想的刀尖编制出的程序进行端面、外径、内径等与轴线平行或垂直的表面加工时，是不会产生误差的。但是在进行倒角、锥面及圆弧切削时，则会产生“少切”或“过切”现象，造成加工误差，影响尺寸精度，如图 3-28 所示。

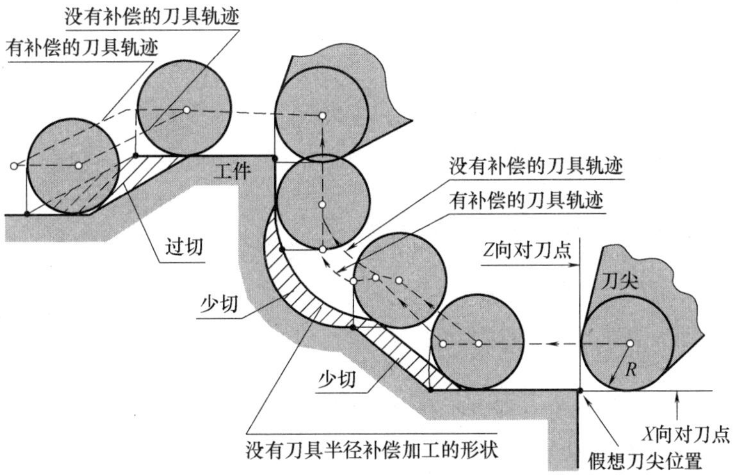

图 3-28 过切与少切

编程时若以圆弧中心编程，可以避免“过切”和“少切”现象，但刀位点计算比较麻烦，并且如果刀尖圆弧半径值发生变化时，程序也需要改变。因此，必须通过刀具半径补偿功能来补偿刀尖圆角带来的加工误差。现在，一般数控系统都有刀具半径自动补偿功能，编程时，只需按工件的实际轮廓尺寸编程即可，不必考虑刀尖圆弧半径的大小，加工时数控系统能根据刀尖圆弧半径自动计算出补偿量，避免少切或过切现象的产生。

需要注意的是，当加工轨迹到达圆弧或圆锥部位时并不马上执行所读入的程序段，而是再读入下一段程序，判断两段程序之间的转接情况，然后根据转接情况计算相应的运动轨迹。由于多读了一段程序进行预处理，故能进行精确的补偿，自动消除车刀存在刀尖圆弧带来的加工误差，从而提高加工精度。

3.2.3.3 刀尖圆弧半径补偿的类型及判断方法

根据刀具运动方向以及刀具与工件的相对位置，半径补偿指令可分为刀具半径左补偿指令 G41 和刀具半径右补偿指令 G42，取消刀具补偿用 G40 指令。

G41、G42 的选择与刀架位置、工件形状及刀具的类型有关。判断方法是在后置刀架

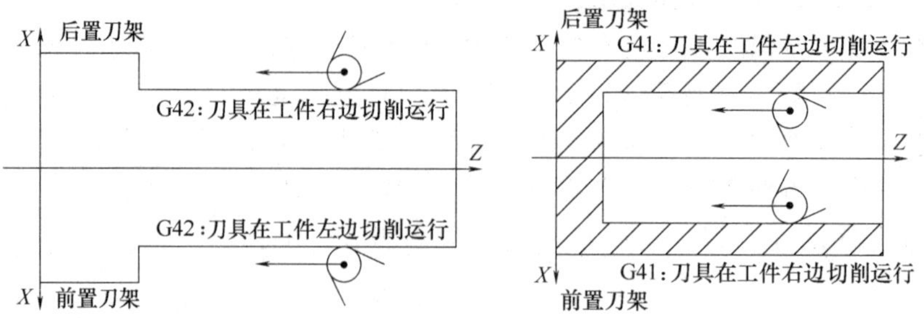

图 3-29 刀尖圆弧半径补偿类型判断

坐标系里沿着刀具前进的方向看，刀具位于工件的左侧，补偿指令为 G41，刀具位于工件的右侧，补偿指令为 G42，取消刀具半径补偿指令为 G40（图 3-29）。

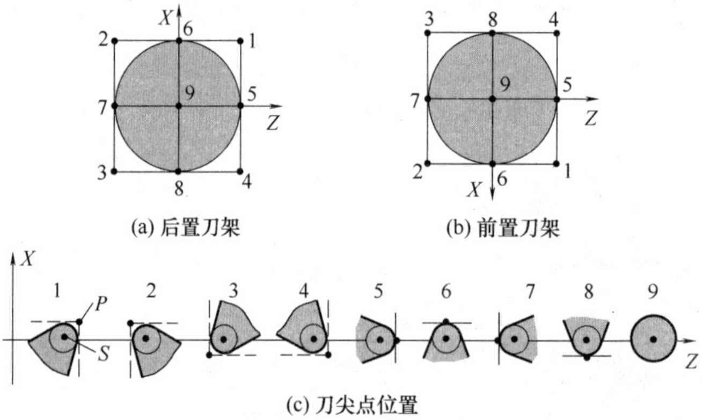

图 3-30 圆弧车刀假想刀尖方位及代码

3.2.3.4 假想刀尖方位号

假想车刀刀尖相对圆弧中心的方位与刀具移动方向有关，它直接影响圆弧车刀补偿计算结果。图 3-30 是圆弧车刀假想刀尖方位及代码。从图 3-30 可以看出，刀尖的方位有八种，分别用数字代码 1～8 表示，同时规定，刀尖取圆弧中心位置时，代码为 0 或 9，可以理解为没有圆弧补偿。

3.2.3.5 刀尖圆弧半径补偿过程

当系统执行到含 T 代码的程序指令时，仅仅是从中取得了刀具补偿的寄存器地址号(其中包括刀具几何位置补偿和刀具半径大小)，此时并不会开始实施刀具半径补偿。只有在程序中遇到 G41、G42 指令时，才开始从刀库中提取数据并实施相应的刀径补偿。

（1）格式

G41/G42/G40 G01/G00 X（U）__ Z（W）__，其中 X（U）、Z（W）为建立或撤消刀具半径补偿程序段中刀具移动的终点坐标。

（2）数控车床刀尖圆弧半径补偿功能的设置

刀尖圆弧半径补偿值可以通过刀具补偿设定界面设定，T 指令要与刀具补偿编号相对应，并且要输入刀尖位置序号，如图 3-31 所示。

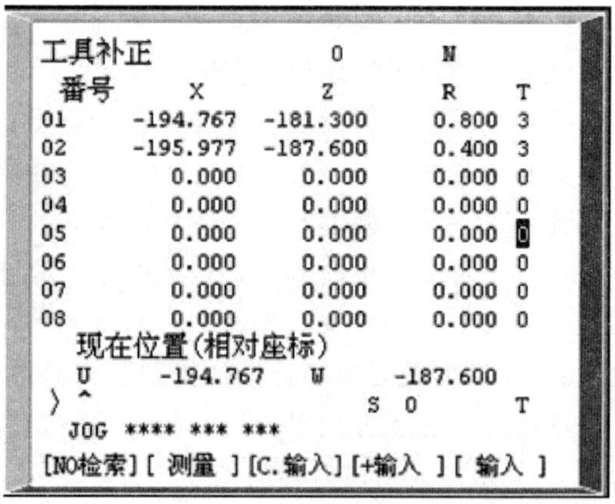

图 3-31 刀尖圆弧半径补偿设置

在刀具补偿设定画面中，在刀具代码

T 中的补偿号对应的存储单元中，存放一组数据，除 X 轴、Z 轴的长度补偿值外，还有圆弧半径补偿值和假想刀尖位置序号（0～9），操作时，可以将每一把刀具的四个数据分别输入刀具补偿号对应的存储单元中，即可实现自动补偿，图 3-32 所示的 01 号刀具的刀尖圆弧半径值为 0.8mm，刀尖方位序号为 3；02 号刀具的刀尖圆弧半径值为 0.4mm，刀尖方位序号为 3。

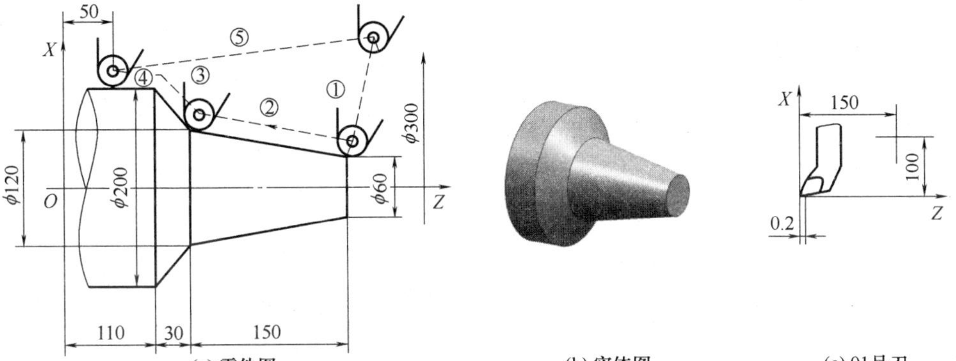

(a) 零件图　　(b) 实体图　　(c) 01号刀

图 3-32　刀尖圆角半径补偿编程实例

（3）刀具补偿模式的过程

刀尖圆弧半径补偿的过程分为三步：刀补的建立、刀补的进行和刀补的取消。

数控加工程序如下：

…

N10 G00 X300. Z330. T0101；　　调用 01 号刀和 1 号刀补，刀具快速定位

N12 G42 G00 X60.0 Z290.0；　　刀补引入程序段

N14 G01 X120.0 W−150.0 F0.3；　　圆锥外圆面车削

N16 X200.0 W−30.0；　　锥形台阶车削

N18 Z50.0；　　φ200mm 外圆车削

N20 G40 G00 X300.0 Z330；　　取消刀补

3.2.3.6 刀尖圆弧半径补偿的注意事项

1）G40、G41、G42 都是模态指令，可相互注销。

2）G40、G41、G42 只能用 G00、G01 结合编程，刀具半径补偿的建立和取消不应在 G02、G03 圆弧轨迹程序段上进行。

3）在编入 G40、G41、G42 的 G00 与 G01 前后的两个程序段中，X、Z 值至少有一个值变化，否则产生报警。

4）工件上有锥度、圆弧时，必须在精车锥度或圆弧的前一程序段建立半径补偿，一般在切入工件时的程序段建立半径补偿。

5）在调用新刀前，必须取消刀具补偿，否则产生报警。

6）必须在刀具补偿参数设定页面的刀尖圆弧半径处填入该把刀具的刀尖圆弧半径值，这时车床的数控装置会自动计算出应该移动的补偿量，作为刀尖圆弧半径补偿的依据。

7）必须在刀具补偿参数设定页面的假想刀尖方向处填入该把刀具的假想刀尖号码，作为刀尖圆弧半径补正之依据。

8）刀尖圆弧半径补偿 G41 或 G42 指令后，刀具路径必须是单向递增或单向递减。即指令 G42 后刀具路径如向 *Z* 轴负方向切削，不允许往 *Z* 轴正方向移动，即 *Z* 轴正方向移动前，必须用 G40 指令取消刀尖圆弧半径补偿。

9）在 MDI 方式下，不能进行刀尖 *R* 补偿。

【任务实施】

（1）任务布置

如图 3-33 所示的圆弧阶梯轴零件，已知材料为 45 钢，毛坯尺寸为 ϕ40mm×100mm。要求分析零件的加工工艺，编写零件的数控加工程序，并通过仿真调试优化程序，最后进行零件的加工检验。

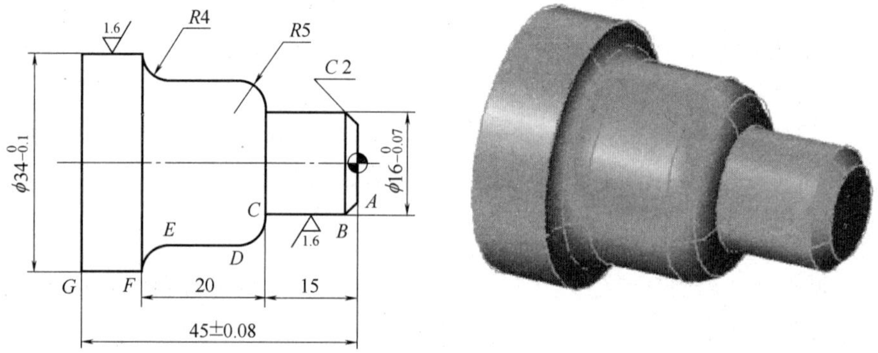

图 3-33　圆弧阶梯轴

（2）任务工艺分析

1）零件图分析。如图 3-33 所示，该零件由三处外圆（ϕ34、ϕ26、ϕ16）、两段倒圆（*R*4、*R*5）、一段倒角（*C*2）组成。

经计算各基点的坐标从右到左依次为 *A*（12，0），*B*（16，－2），*C*（16，－15），*D*（26，－20），*E*（26，－31），*F*（34，－35），*G*（34，－45）。编程原点设置在工件右端面的中心。

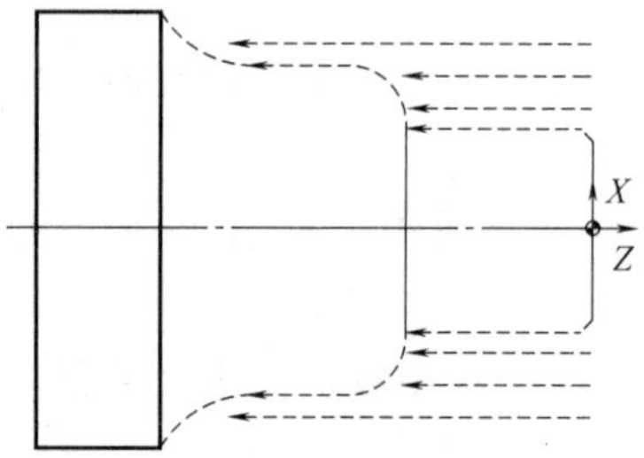

图 3-34　加工路线

2）确定装夹方案。该零件为轴类零件，轴心线为工艺基准，加工外表面用三爪自定心卡盘夹持 ϕ34mm 外圆一次装夹完成加工。

3）确定加工顺序及加工路线。

① 加工顺序：按“先主后次、先粗后精、先外后内”的加工原则确定加工路线。

a. 装夹 ϕ34mm 外圆、找正，手动车削端面；

b. 粗加工 ϕ34mm、ϕ26mm、ϕ16mm 外圆，留精加工余量 0.5mm；

c. 精加工 *R*5、*R*10 圆弧面和 ϕ34mm、ϕ26mm、ϕ16mm 外圆。

② 加工路线：加工路线如图 3-34 所示。

4）刀具及切削用参数选择见表 3-5。

表 3-5　　　　　　　　工序卡

步号	工步内容	刀具		切削用量		
		类型	材料	切削深度/mm	主轴转速/r/min	进给速度/(mm/r)
1	车端面	T01	硬质合金		600	0.3
2	精加工	T02	硬质合金	0.6	1000	0.3
3	切断工件	T03	硬质合金		600	0.1

其中，T01 为 45°端面车刀，T02 为外圆粗、精车车刀，T03 为切断刀。

(3) 编制加工程序（毛坯尺寸 ϕ40mm×100mm）

```
O0002;
N10 G21 G40 G99;
N20 G00 X0. Z100.;
S600 M03;
N30 T0101;
N40 G00 X37.;
N50 G00 Z0.;
N60 G01 X-0.5 F0.3;
N70 G00 X100. Z100.;
N80 T0202;
N85 M03 S1000;
N90 G00 X37. Z2.;
N100 G00 X12.;
N110 G01 Z0.;
N120 G01 X16. Z-2. F0.3;
N130 G01 Z-15.;
N140 G03 X26. Z-20. R5.;
N150 G01 Z-31.;
N160 G02 X34. Z-35 R4.;
N170 G01 Z-50.;
N180 G01 X35.;
N190 G00 X100. Z100.;
N200 T0303;
N205 M03 S600;
N210 G00 X37. Z-50.;
N220 G01 X-0.5 F0.1;
N230 G00 X50.;
N240 Z50.;
```

N250 M05；

N260 M30；

（4）仿真加工

使用数控加工仿真软件对加工程序进行检验，正确进行数控加工仿真的操作，完成零件的仿真加工。

（5）车间实际加工

通过仿真加工后，确定零件程序的正确性后，在实训车间对该零件进行实际操作加工。

（6）零件检测及评价

1）利用游标卡尺、外径千分尺、内径千分尺、表面粗糙度工艺样板等量具测量工件，学生对自己加工的零件进行检测，包括尺寸精度的检测和零件加工质量的检测。

2）圆弧的检查方法。

① 用半径规检测。半径规也称半径样板或 R 规，是一种测量精度要求不高的圆弧的常用量具。测量范围有 1～6.5mm、7～14.5mm、15～25mm 三种。根据初估被测圆弧半径大小，将半径规上标有相应半径值的样板与被测圆弧采用光隙法进行比较，见图 3-35。

图 3-35 半径规检测

② 用样板检测。主要适用于精度要求不高的场合，如图 3-36 所示。

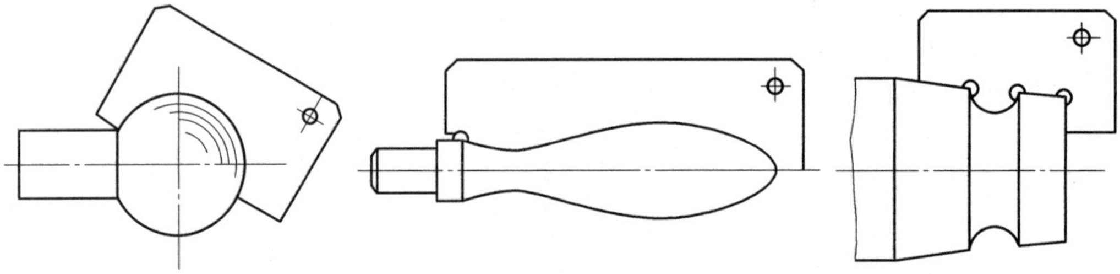

图 3-36 样板检测

3）教师对学生加工零件进行检测，并做出点评。

【任务作业】

1. 毛坯为 ϕ38mm 的棒料，材料为 45 钢，要求完成零件的数控加工，车削至图 3-37

中尺寸要求。

2. 毛坯为 ϕ50mm 的棒料，材料为 45 钢，要求完成零件的数控加工，车削至图 3-38 中尺寸要求。

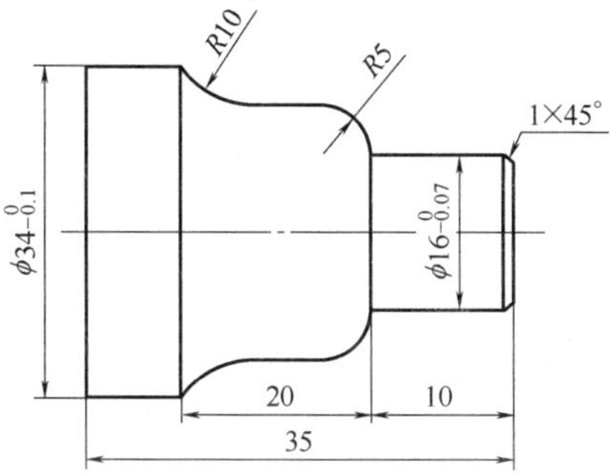

图 3-37 圆弧阶梯轴

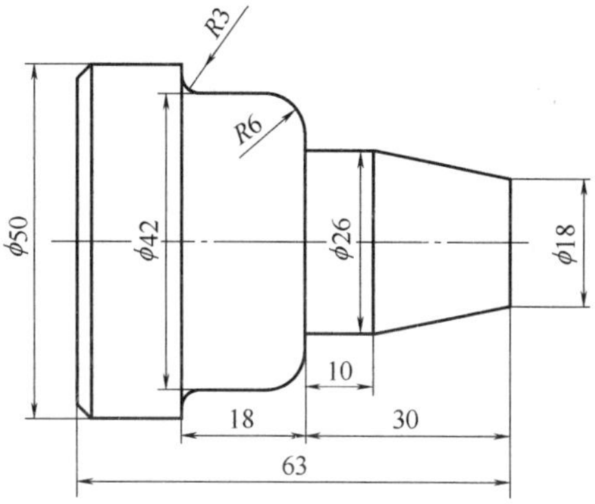

图 3-38 圆弧阶梯轴

任务 3.3 切槽、切断加工

【任务目标】

【知识目标】

1) 了解槽的种类及切槽指令、切槽刀具的选择。

2) 掌握 G75 复合循环指令编程格式及应用。

【能力目标】

1) 会使用 G01、G75 编程指令编写沟槽加工程序。

2) 能够正确选用沟槽刀具。

3) 会使用沟槽量具对沟槽加工质量进行评估、分析。

【知识链接】

3.3.1 沟槽零件的相关工艺知识

切断刀

1) 高速钢切断刀。

2) 硬质合金切断刀。硬质合金切断刀是目前生产过程中应用较广泛的高速切断刀。

3) 弹性切断刀。为了节省高速钢材料并使刀磨方便，切断刀可以做成片状，再装在弹性刀柄上。

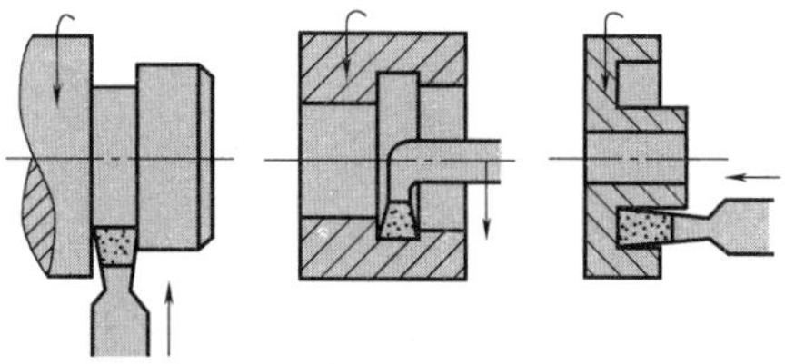

(a) 车外槽　(b) 车内槽　(c) 车端面槽

图 3-39 车槽

4) 反切刀。切断直径较大的工件时，由于刀头较长，刚性较差，很容易引起振动，这时可以采用反向切断法，即工件反转，用反切刀切断。

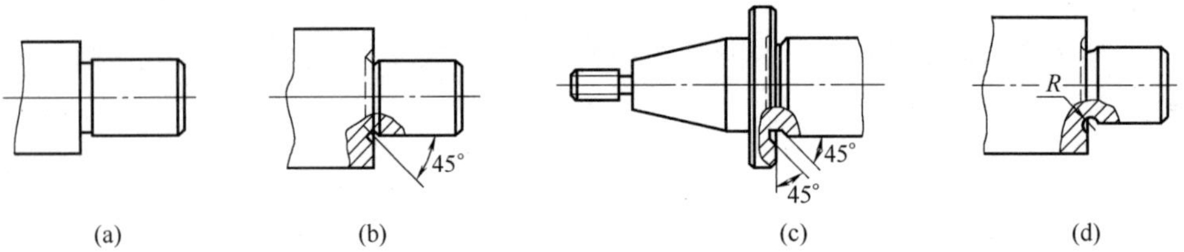

图 3-40　沟槽加工

3.3.2 窄槽加工

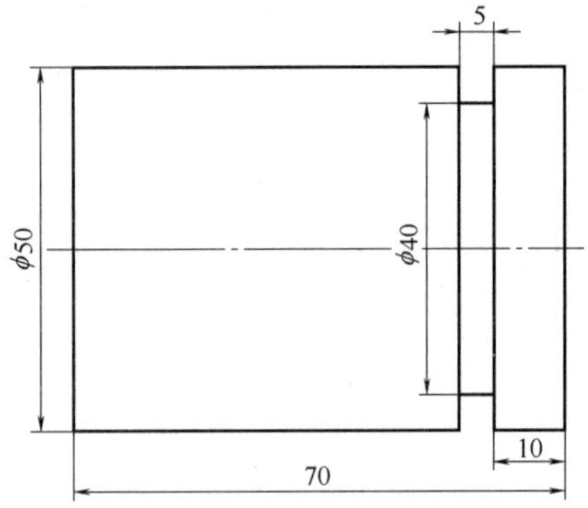

图 3-41　窄槽加工

（1）模块工作任务

如图 3-41 所示，要加工宽为 5mm，深为 5mm 的窄槽，零件小批量加工，如何编程？

（2）模块背景知识

刀具：由于所加工工件槽深仅为 5mm，且为小批量加工，因此选择可转位切槽刀加工，能提高加工效率和换刀方便性。

注意选择刀片宽度：5mm、4mm、3mm，或其他。

（3）编程方式

1）采用 G01 直接编程加工。

如选择刀片宽度为 4mm，参考程序：

```
O0002；（刀宽 4）
G00 G97 G99 T0202 S500 M03 F0.08；
X55 Z－15；
G01 X40；
X55；
Z－14；
X40；
X55；
G00 X100 Z100；
M05；
M30；
```

2）外径切槽循环 G75。

该指令适用于在外圆面上切槽或切断加工。

编程格式：

G75 R（e）；

G75 X（U）__ Z（W）__ P（Δi）Q（ΔK）R（Δd）F __；

式中：

e——退刀量；

X（U）——槽深；

Z（W）——切槽处的 Z 坐标值或者增量值；

Δi——每次循环的切削量（不带符号）；

ΔK——Z 方向的移动量；

Δd——刀具在槽底的退刀量。

外径切槽循环走刀路线如图 3-42 所示。

参考程序：

O0003；（刀宽 4）

G00 G97 G99 T0202 S500 M03 F0.08；

X55 Z−15；

G75 R1；

G75 X40 Z−14 P1000 Q1000；

G00 X100；

Z100；

M05；

M30；

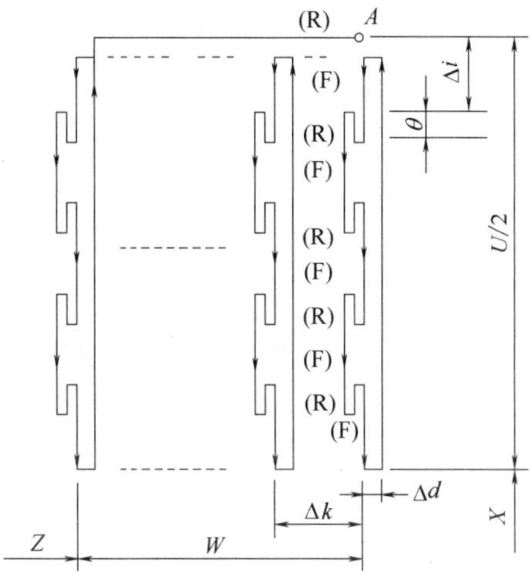

图 3-42　外径切槽循环走刀路线

3.3.3　宽槽加工

（1）模块工作任务

要加工宽为 15mm，深为 7mm 的宽槽，零件小批量加工，槽底表面粗糙度 3.2，如何编程？

（2）模块背景知识

1）暂停指令 G04。

该指令可以使刀具作短时间（几秒钟）无进给光整加工，主要用于车削环槽、不通孔以及自动加工螺纹等场合。

2）指令格式：G98（G99）G04 X __（P __）。

注意：

① X 单位为 s，P 单位为 ms。

② G98 G04X __（P __）：指令暂停进刀的时间。

③ G99 G04X __（P __）：指令暂停进刀的主轴回转数。

④ 在暂停指令同一语句内不能指定进给速度。

⑤ 使用 P 的形式输入时，不能用小数点输入。

在没有出现 G98 时，数控车床默认 G99 进给方式。

【任务实施】

（1）任务布置

在数控车床上加工如图 3-43 所示的零件，毛坯尺寸为 ϕ55mm×102mm，材料为 45 钢，需完成该零件程序编制并加工。

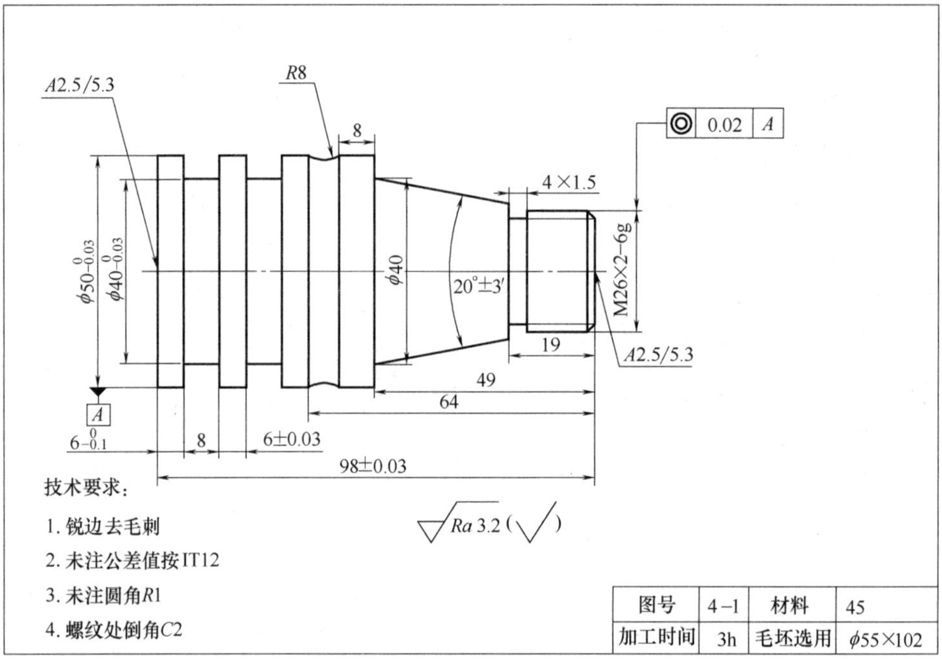

图 3-43 螺纹加工零件图

（2）工艺分析

加工此类零件，可直接采用三爪自定心卡盘装夹。首先加工工件左端部分，夹毛坯 $\phi55$mm，伸出卡盘右端面 55mm，加工工件右端 $\phi55$mm 外圆，外切槽，$R8$ 圆弧并保证其尺寸精度。然后掉头装夹 $\phi55$mm 外圆，伸长 58mm，打表找正，加工工件右半部分三角形外螺纹，退刀槽及外锥轮廓，并保证尺寸精度。螺纹加工是本节课的学习重点，掌握其加工方法和编程方法，并用螺纹环规进行精度检验。

1）图样分析。该零件毛坯尺寸为 $\phi55$mm，由外圆、外切槽、圆弧、三角形外螺纹等轮廓组成。通过分析，可通过两次装夹来完成本零件图纸加工。工件所有加工表面的表面粗糙度为 $Ra3.2\mu$m。该零件尺寸标注完整，轮廓描述清楚，零件材料选用 45 钢，无热处理和硬度要求，适合在数控车床上加工。

2）难点分析。该零件虽然形状比较简单，但是计算有两处，程序编写比较繁杂，部分轮廓尺寸精度要求较高，形位公差要求较高。该零件的加工难点在于如何确保外切槽宽尺寸及槽底尺寸精度和外螺纹与 $\phi55_{-0.039}^{0}$ mm 外圆的同轴度要求。

3）工艺分析。

① 确定装夹方案。工件毛坯为 $\phi55$ 钢料，因工件需要双头加工，所以需要两次装夹完成加工。夹具用三爪自定心卡盘装夹，装夹面选择工件左端毛坯外圆，伸出长度 > 60mm（应考虑车床的 Z 向限位，刀架侧面与卡爪端面需保持一定的安全距离），完成工件外沟槽部分加工。

② 工件原点。以工件右端面与轴线交点为工件原点，建立工件坐标系（采用试切对刀建立）。

③ 加工工艺路线。为解决上述加工难点，在编制加工工序时，应按粗精加工分开原

则进行编制。用自定心三爪卡盘夹持毛坯外圆，粗精加工零件左端轮廓，再加工右边轮廓，制定以下加工工艺路线：

手动加工 $\phi 50_{-0.03}^{\ 0}$ mm 的端面→粗加工 $\phi 50_{-0.03}^{\ 0}$ mm 的外圆和 $R8$ 圆弧（留有 0.5mm 的余量）→精加工 $\phi 50_{-0.03}^{\ 0}$ mm 的外圆和 $R8$ 圆弧→粗加工外沟槽（留有 0.5mm 的余量）→精加工外沟槽保证槽底和槽宽→调头，装夹 ϕ50mm 外圆，伸长 65mm→手动加工端面→粗加工 ϕ26mm 外圆和锥度（留有 0.5mm 的余量）→精加工 ϕ26mm 外圆和锥度→粗加工退刀槽 4×1.5mm→精加工退刀槽 4×1.5mm→加工 M26×2-6g 螺纹。

4）编制数控加工工艺卡片，见表 3-6。

表 3-6　　螺纹轴数控加工工艺卡片

实训项目	项目四	零件图号	4-2	系统	FANUC	材料	45 钢
零件图	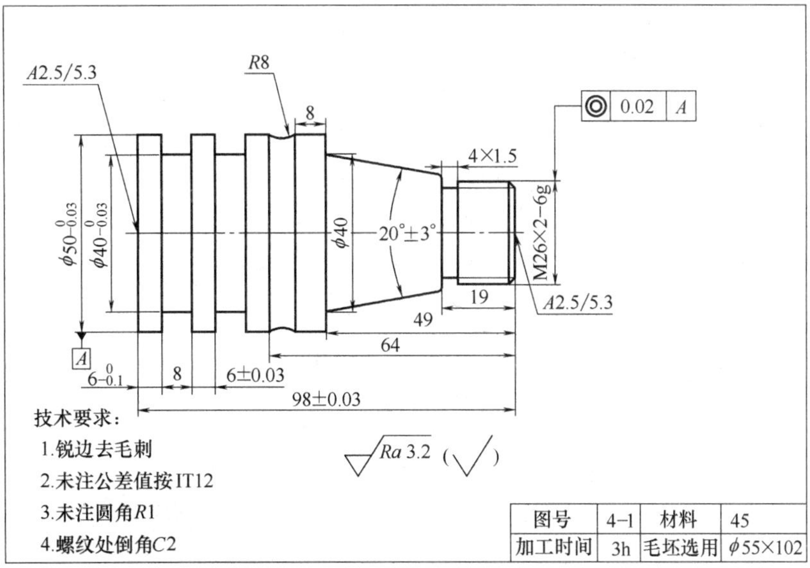						
程序名称			工量具	T 刀具	切削用量		
					主轴转数 S /(r/min)	进给速度 F /(mm/r)	背吃刀量 a_p /mm
工序号	工步	工步内容					
1	1	装夹毛坯，伸长 60mm	卡盘扳手				
	2	车平端面，试切外圆		T0101	800	0.2	1.5
	3	粗加工 ϕ50mm 外圆和 $R8$ 圆弧	外圆千分尺	T0101	1500	0.05	0.5
	4	精加工 ϕ50mm 外圆和 $R8$ 圆弧	外圆千分尺	T0101	1500	0.05	0.5
	5	粗加工外沟槽	卡尺、叶片千分尺	T0202	500	0.05	1
	6	精加工外沟槽保证槽底和槽宽	卡尺、叶片千分尺	T0202	1000	0.05	0.5

续表

程序名称			工量具	T 刀具	切削用量		
					主轴转数 S /(r/min)	进给速度 F /(mm/r)	背吃刀量 a_p /mm
工序号	工步	工步内容					
2	7	调头，装夹 ϕ50mm 外圆，伸长 65mm	卡盘扳手				
	8	打表找正	磁力表座				
	9	车平端面，保总长 98mm	游标卡尺	T0101	1200	0.1	0.5
	10	粗加工 ϕ26mm 外圆和锥度	外径千分尺	T0101	500	0.2	1
	11	精加工 ϕ26mm 外圆和锥度	外径千分尺	T0101	1200	0.1	0.5
	12	粗加工退刀槽 4×1.5mm	游标卡尺	T0202	600	0.05	1
	13	精加工退刀槽 4×1.5mm	游标卡尺	T0202	1000	0.1	0.5
	14	加工 M26×2—6g 螺纹	螺纹环规	T0303	600	2	
3	15	拆下零件，去毛刺，检测					

(3) 加工准备

① 选用车床为 FANUC 0i 系统的 CKA6140 型数控车床。

② 刀具准备，具体参数见表 3-7。

表 3-7　　数控加工刀具选用卡

刀具号	刀具名称	刀片规格	加工表面	参考图片	备注
T0101	93°外圆车刀	35°菱形 R0.4	外圆、端面		粗车、精车
T0202	车断刀	宽 3mm	车槽、车断		—
T0303	螺纹车刀	16ER2.0	外螺纹		—

③ 工量具准备，具体参数见表 3-8。

表 3-8　　数控工量具选用卡

序号	量具名称	规格	精度	参考图片	备注
1	游标卡尺	0～150	0.02		
2	叶片千分尺	25～50	0.01		
3	外径千分尺	25～50	0.01		
4	螺纹环规	M26×2—6g			
5	游标深度尺	0～150	0.02	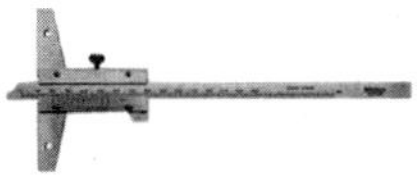	
6	卡盘、刀架扳手			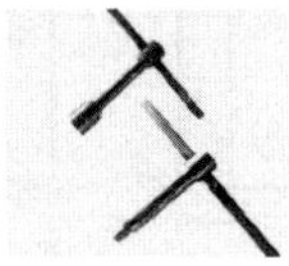	

④ 参考程序

外切槽参考加工程序如表 3-9 所示。

表 3-9　　加工工件外沟槽参考程序

加工工件左端部分两个外切槽，外切槽刀（刀宽 3mm）		
程序段号	程 序 内 容	说　　明
N10	O0002	第一个外切槽程序
N20	T0202 M03 S500	调用刀补，主轴正转
N30	G00 X52 Z−9	第一个切槽起刀点
N40	G75 R0.3	切削后退量 0.3mm
N50	G75 X40 Z−14 P1500 Q2000 F0.1	切至终点坐标 X40 Z−14，*X* 向切深 1.5mm，*Z* 向平移 2mm
N60	G00 Z−23	刀具快速移到第二个槽起点
N70	G75 R0.3	切削后退量 0.3mm
N80	G75 X40 Z−28 P1500 Q2000 F0.1	切至终点坐标 X40 Z−14，*X* 向切深 1.5mm，*Z* 向平移 2mm
N90	G00 X100	*X* 向退刀
N100	G00 Z200	*Z* 向退刀
N110	M30	程序结束并回到开头

续表

加工右端部分螺纹退刀槽程序，切槽加工(刀宽 4mm)		
N10	O1237	程序名
N20	T0202 M03 S500	换切槽车刀，主轴正转
N30	G00 X32 Z－19	移动至切槽起点处
N40	G01 X23 F50	切槽至尺寸
N50	X32 F100	退至切槽起点处
N60	G00 X100	*X* 向退至安全位置
N70	Z200	*Z* 向退至安全位置
N80	M30	程序结束并回到开头

【任务作业】

用数控车床加工如图 3-44 所示零件，毛坯为 ϕ50mm×102mm，材料为 45 钢。

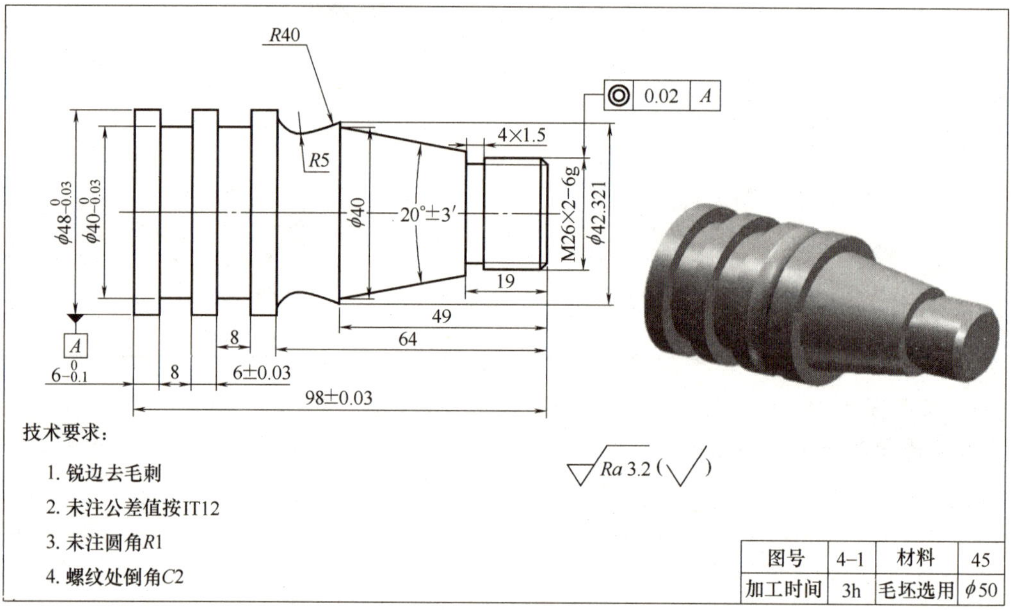

图 3-44　数控车床车削外沟槽实训图

任务 3.4　螺纹轴的加工

【任务目标】

【知识目标】

1) 了解螺纹加工的基本知识。
2) 掌握 G32 螺纹加工类指令编程格式及应用。
3) 掌握 G92 指令的编程格式及应用。
4) 掌握带螺纹的阶梯轴零件的工艺编制方法。

【能力目标】

1）能分析掌握带螺纹的阶梯轴零件的结构特点、特殊加工要求，理解加工技术要求。

2）会分析掌握带螺纹的阶梯轴零件的工艺性能，能正确选择设备、刀具、夹具与切削用量，能编制数控加工工艺卡。

3）会使用螺纹加工指令编制螺纹阶梯轴加工程序。

4）能正确运用数控仿真系统软件，调试校验编写的零件程序，并虚拟加工。

5）能在车间实践加工带螺纹的阶梯轴零件并实施检测。

【知识链接】

螺纹零件加工是数控车削中必须掌握的基本技能之一。本任务主要讲解螺纹的类型及基本参数、螺纹的加工方法、螺纹车刀的安装、螺纹加工指令的运用、螺纹加工程序的编制、螺纹零件的检测和实际操作等方面的知识。

3.4.1　螺纹加工工艺

3.4.1.1　螺纹的种类

（1）外螺纹

螺纹是在圆柱或圆锥表面上，沿着螺旋线所形成的具有规定牙型的连续凸起。螺旋线见图 3-45（a）。

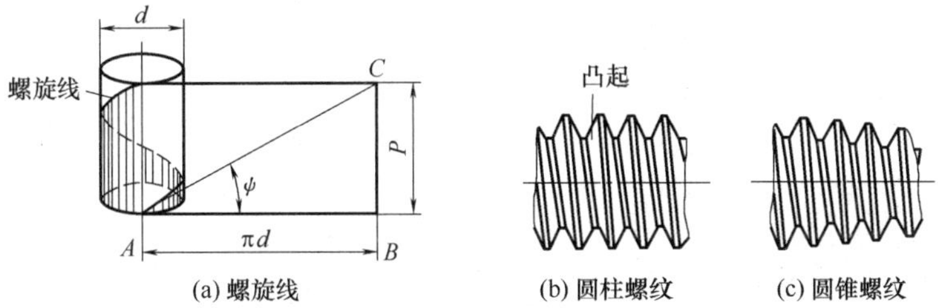

图 3-45　螺纹的种类

在圆柱表面上所形成的螺纹称为圆柱螺纹，见图 3-45（b）。

在圆锥表面上所形成的螺纹称为圆锥螺纹，见图 3-45（c）。

在圆柱或圆锥外表面上所形成的螺纹称为外螺纹。

（2）内螺纹

在内圆柱或内圆锥表面上所形成的螺纹称为内螺纹，见图 3-46。

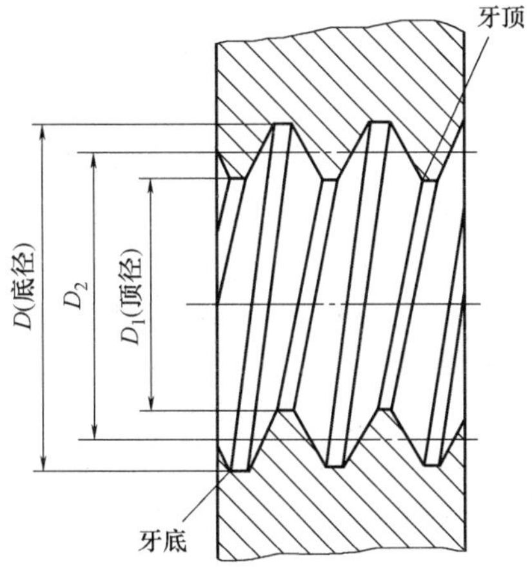

图 3-46　内螺纹

（3）单、多线与左右旋螺纹

沿一条螺旋线所形成的螺纹称为单线螺纹，见图 3-47（a）。沿两条或两条以上的螺旋线所形成的螺纹，该螺旋线在轴向等距分，称为多线螺纹，如图 3-47（b）和（c）所示。

顺时针旋转时旋入的螺纹称为右旋螺纹，见图 3-47（a）。逆时针旋转时旋入的螺纹称为左旋螺纹，见图 3-47（b）。

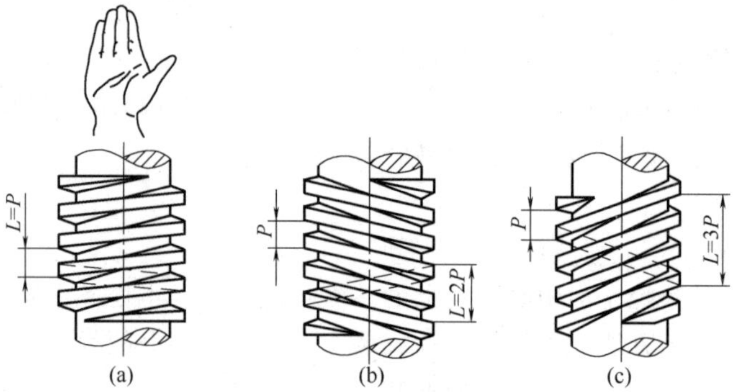

图 3-47 单、多线与左右旋螺纹

3.4.1.2 螺纹的用途

三角螺纹按其规格及用途不同，可分为普通螺纹、英制螺纹和管螺纹三种。三角螺纹常用于固定、联接、调节或测量等处。普通螺纹又有普通粗牙螺纹和普通细牙螺纹。普通粗牙螺纹不注螺距，普通细牙螺纹多用于薄壁零件。

3.4.1.3 螺纹的主要参数

常用螺纹的主要参数如图 3-48 所示。

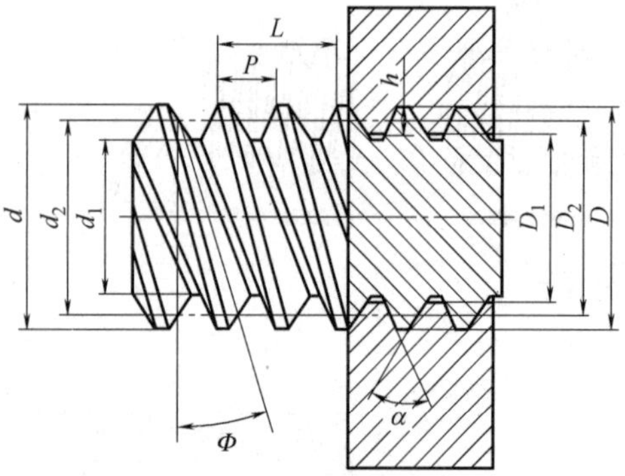

图 3-48 螺纹的主要参数

（1）大径 d、D

与外螺纹的牙顶（或内螺纹牙底）相重合的假想圆柱面的直径，这个直径是螺纹的公称直径（管螺纹除外）。

（2）小径 d_1、D_1

与外螺纹的牙底（或内螺纹牙顶）相重合的假想圆柱面的直径，常用作危险剖面的计算直径。

（3）中径 d_2、D_2

是一假想的与螺栓同心的圆柱直径，此圆柱周向切割螺纹，使螺纹在此圆柱面上的牙厚和牙间距相等。

（4）螺距 P

螺距是相邻两螺牙在中径线上对应两点间的轴向距离，是螺纹的基本参数。

（5）线数

螺纹的螺旋线根数。沿一条螺旋线形成的螺纹称为单线螺纹，沿一条等距螺旋线形成的螺纹称为线螺纹。

（6）导程 L

螺栓在固定的螺母中旋转一周时，沿自身轴线所移动的距离。在单头螺纹中，螺距和导程是一致的，在多头螺纹中，导程等于螺距和线数的乘积。

（7）升角 Φ

螺纹中径上螺旋线的切线与垂直于螺纹轴心线的平面之间的夹角。

（8）牙型角 α

是螺纹牙在轴向截面上量出的两直线侧边间的夹角。

（9）牙廓的工作高度

是螺栓和螺母的螺纹圈发生接触的牙廓高度。牙廓的高度是沿径向测量的。工作高度等于外螺纹外径和内螺纹内径之差的 1/2。

3.4.1.4　螺纹的加工方法

（1）车削螺纹

1）低速车削普通螺纹。主要有图 3-49 所示的三种加工方法。

① 直进法。车削时只朝 X 方向进给，在几次行程后，把螺纹加工到所需尺寸和表面粗糙度。

② 左右切削法。车螺纹时，除了朝 X 方向进行切削外，同时还进行了 Z 方向左右的微量进给，经过几次切削后，把螺纹加工到尺寸。

③ 斜进法。当螺距较大、螺纹槽较深、切削余量较大时，粗车为了加工方便，除了朝 X 方向进行切削外，同时还进行了 Z 方向的一个微量进给，经过几次切削后，把螺纹加工到尺寸。

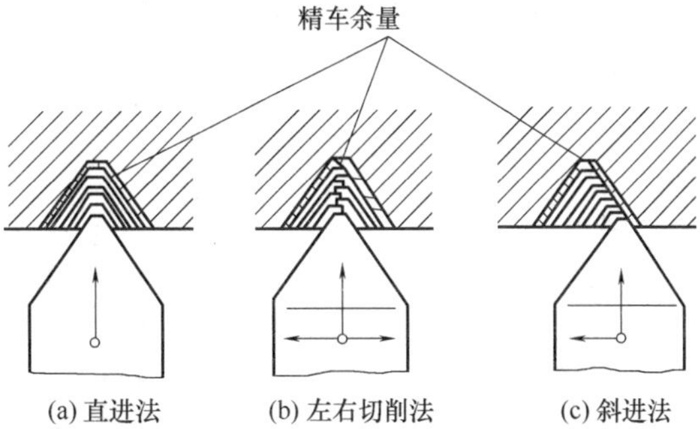

图 3-49　低速车削普通螺纹的主要加工方法

2）高速车削普通外螺纹。高速车削螺纹时，只能采用直进法对螺纹进行加工，否则会影响螺纹精度。

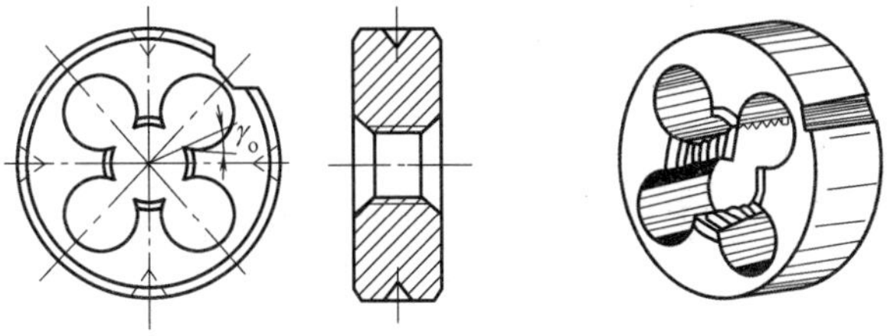

图 3-50　板牙

（2）车床上套螺纹

1）板牙的结构。套螺纹是指用板牙切削外螺纹的一种加工方法。

板牙是一种标准的多刃螺纹加工工具，其结构形状如图 3-50 所示。

板牙像一个圆螺母，其两侧的锥角是切削部分，因此反正都可使用，中间有完整的齿深为校正部分，如图 3-51 所示。

2）套螺纹时外圆直径的确定。套螺纹时，工件外圆比螺纹的公称尺寸略小（按工件螺距大小决定）。套螺纹圆杆直径可按下列的近似公式计算：

$$d_0 = d - (0.13 \sim 0.15)P \qquad (3\text{-}1)$$

式中　d_0——圆柱直径；

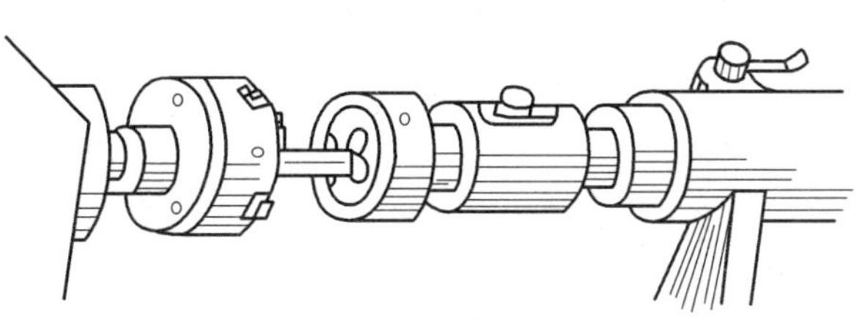

图 3-51　板牙的使用

d——螺纹大径；

P——螺距。

3）板牙套螺纹的工艺要求：用板牙套螺纹，通常适用于公称直径小于 16mm 或螺距小于 2mm 的外螺纹。

外圆车至尺寸后，端面倒角要小于或等于 45°，使板牙容易切入。

套螺纹前必须找正尾座，使之与车床主轴轴线重合，水平方向的偏移量不得大于 0.05mm。

板牙装入套丝工具时，必须使板牙平面与主轴轴线垂直。

3.4.1.5 普通三角外螺纹车刀

（1）螺纹车刀刀具参数

螺纹车刀的刀具参数有前角 γ_o、后角 α_o、主偏角、副偏角、刀尖角 ε_r、刃倾角 λ_s、刀尖半径等，具体角度的定义方法请参阅有关切削手册。硬质合金在切削碳素钢时的角度参数可参考图 3-52。

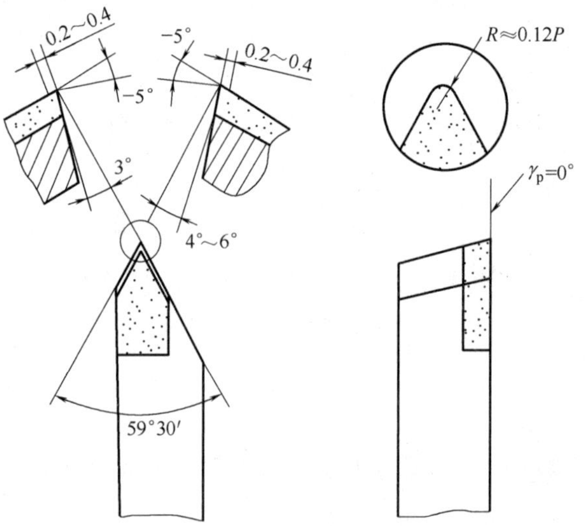

图 3-52 硬质合金在切削碳素钢时的角度参数

（2）硬质合金在切削碳素钢时的注意事项

1）在确定角度参数值的过程中，应考虑工件材料、硬度、切削性能、具体轮廓形状和刀具材料等诸多因素。

2）对于夹固式螺纹车刀，刀杆及刀片的参数已做成标准值，可直接按参数选用。夹固式螺纹车刀如图 3-53 所示。

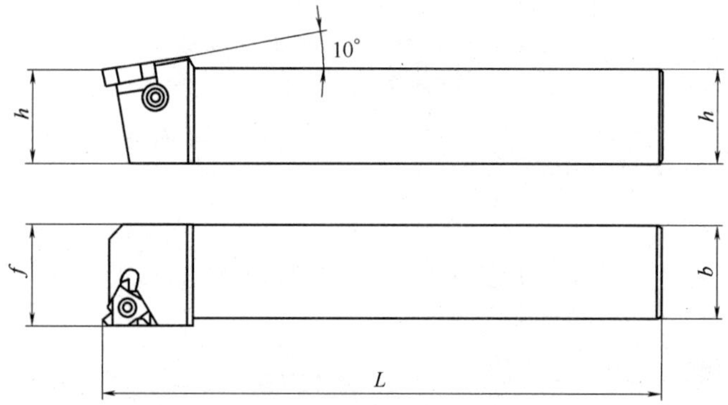

图 3-53 夹固式螺纹车刀

3.4.1.6 车刀安装

安装螺纹车刀时，应使刀尖与工件中心同高，并应使两刃夹角中线垂直于工件轴线。

安装时可将样板内侧水平靠在已精车外圆柱面，然后将车刀移入样板相应角度缺口中，通过对比车刀两刃与缺口的间隙来调整刀具的安装角，如图 3-54 所示。

3.4.1.7 常用螺纹切削的进给次数与背吃刀量

因为螺纹牙型较深，不能一次切削完成，所以在螺纹加工过程中，可分数次进给，每次进给的背吃刀量用螺纹深度减精加工背吃刀量所得的差按递减规律分配，如表 3-10 所示。

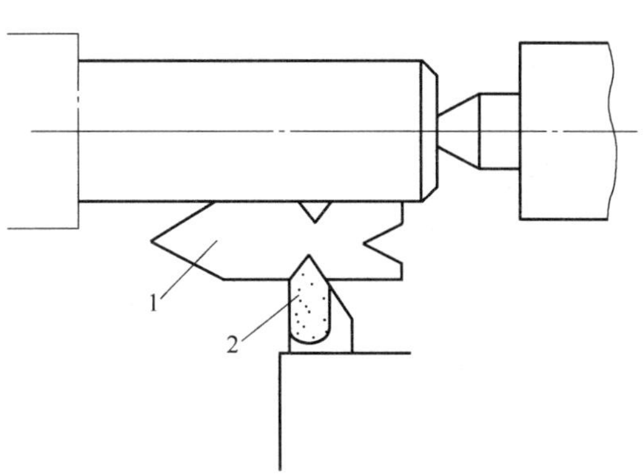

图 3-54 螺纹车刀的安装

1—螺纹车刀角度样板 2—螺纹车刀

3.4.2 螺纹加工编程方法

3.4.2.1 G32 单行程螺纹/插补指令

（1）格式

G32 X（U）__ Z（W）__ F；

其中：F——公制螺纹导程，单位是 mm。

表 3-10 **车螺纹的背吃刀量数据**

公制螺纹								
螺距		1.0	1.5	2	2.5	3	3.5	4
牙深(半径量)		0.649	0.974	1.299	1.624	1.949	2.273	2.598
切削次数及吃刀量(半径量)	1 次	0.7	0.8	0.9	1.0	1.2	1.5	1.5
	2 次	0.4	0.6	0.6	0.7	0.7	0.7	0.8
	3 次	0.2	0.4	0.6	0.6	0.6	0.6	0.6
	4 次		0.16	0.4	0.4	0.4	0.6	0.6
	5 次			0.1	0.4	0.4	0.4	0.4
	6 次				0.15	0.4	0.4	0.4
	7 次					0.2	0.2	0.4
	8 次						0.15	0.3
	9 次							0.2

X（U）、Z（W）为螺纹终点的绝对或相对坐标，X（U）省略时为圆柱螺纹切削，Z（W）省略时为端面螺纹切削，X（U）、Z（W）都编入时可加工圆锥螺纹。

该指令的运动轨迹如图 3-55 所示。

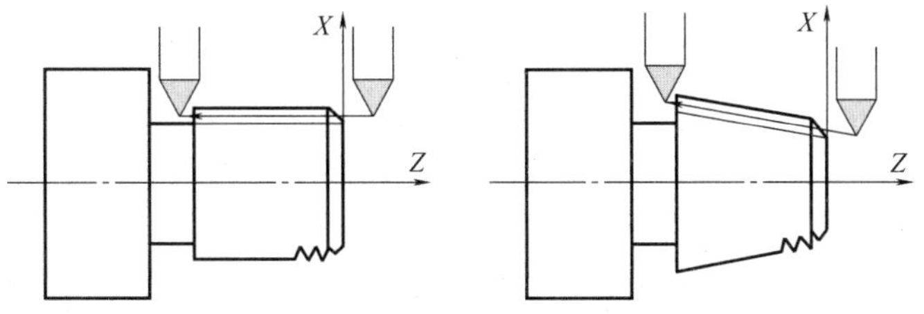

(a) G32车直螺纹 (b) G32车锥螺纹

图 3-55 G32 螺纹指令的加工运动轨迹

（2）螺纹加工的注意事项

1）主轴转速不应过高，尤其是大导程螺纹，过高的转速使进给速度太快而引起不正常，最高转速一般可取：$n \leqslant 1200/P-80$。

2）为了能在伺服电机正

常运转的情况下切削螺纹，螺纹切削应注意在两端设置足够的升速进刀段 δ_1 和降速退刀段 δ_2，即在 Z 轴方向有足够的切入、切出的空刀量，如图 3-56 所示。切入与切出的空刀量通常可取：$\delta_1 \geqslant 2P$；$\delta_2 \geqslant 0.5P$。

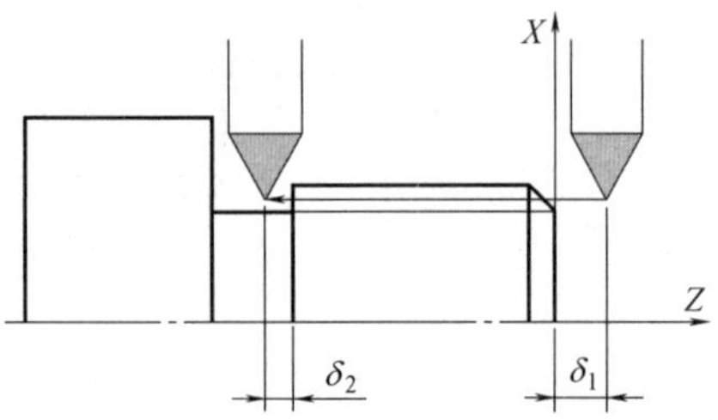

图 3-56　切螺纹的降速退刀段 δ_2

3.4.2.2　G92　螺纹切削单一固定循环指令

（1）格式

G92　X（U）__ Z（W）__ F __ R；

其中：

X（U）、Z（W）为螺纹终点坐标值；

F 为螺纹导程；

R 为螺纹切削路线的半径差。

（2）性能分析

G32 指令是一个单一进给指令，即指令结束后，刀尖停在 G32 指定的坐标值不返回。这显然不符合常规的加工工艺。因此 G92 指令具有下列优势：

① G92 为模态指令，具有自保性。

② G92 指令实际上是把“快速进刀→螺纹切削→快速退刀→返回起点”四个动作作为一个循环。

③ 它在螺纹切削结束时有退尾倒角功能，如图 3-57 所示，倒角长度根据所指定的参数在 0.1～12.7L 的范围内设置。

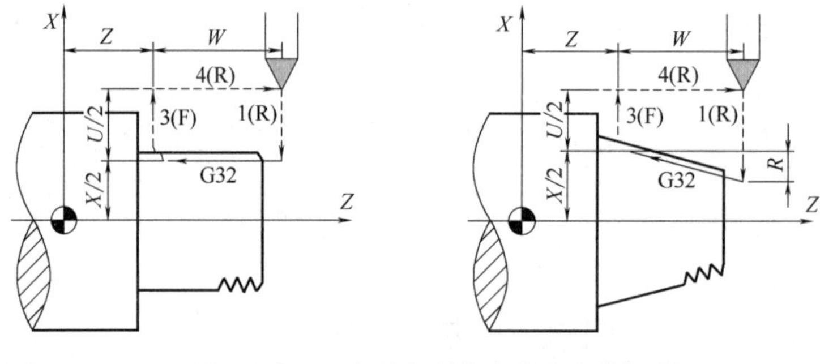

图 3-57　G92 螺纹切削指令的进刀路线

④ 圆锥螺纹循环与圆柱螺纹循环过程基本相同，R 指定的数值可正可负，其正负号的判断方法与 G90 相同，如图 3-58 所示。

双线及多线螺纹的加工方法，其实与单线螺纹的加工方法差不多，只不过双线螺纹在加工完第一条螺纹后，需移动一个螺距，然后加工第二条螺纹，直至完成。

（3）使用注意事项

① 在螺纹切削期间，按下进给保持时，刀具将在完成一个螺纹切削循环后再进入进给保持状态。

② 如果在单段方式下执行 G92 循环，则每执行一次循环必须按四次循环启动按钮。

③ G92 指令是模态指令，当 Z 轴移动量没有变化时，只需对 X 轴指定移动指令即可重复固定循环。

④ 执行 G92 循环，在螺纹切削的收尾处，沿接近 45°的方向斜向退刀，退刀 Z 向距离。

⑤ 在 G92 指令执行期间，进给速度倍率、主轴速度倍率均无效。

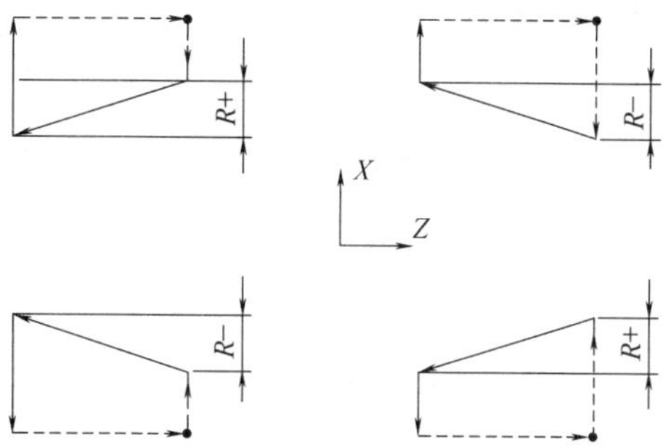

图 3-58 G92 指令切削锥度螺纹的进刀路线

3.4.3 华中系统螺纹切削循环指令

（1）直螺纹切削循环 G82

1）格式：G82 X（U）__ Z（W）__ R __ E __ C __ P __ F __;

2）说明：

X、Z：绝对值编程时，为螺纹终点 *C* 在工件坐标系下的坐标；增量值编程时，为螺纹终点 *C* 相对于循环起点 *A* 的有向距离，图形中用 *U*、*W* 表示，其符号由轨迹 1 和 2 的方向确定。

R，E：螺纹切削的退尾量，R、E 均为向量，R 为 *Z* 向回退量；E 为 *X* 向回退量，R、E 可以省略，表示不用回退功能。

C：螺纹头数，为 0 或 1 时切削单头螺纹。

P：单头螺纹切削时，为主轴基准脉冲处距离切削起始点的主轴转角（缺省值为 0）；多头螺纹切削时，为相邻螺纹头的切削起始点之间对应的主轴转角。

F：螺纹导程。

注 意：

螺纹切削循环同 G32 螺纹切削一样，在进给保持状态下，该循环在完成全部动作之后才停止运动。

（2）锥螺纹切削循环 G82

1）格式：G82 X __ Z __ I __ R __ E __ C __ P __ F __。

2）说明：

X、Z：绝对值编程时，为螺纹终点 *C* 在工件坐标系下的坐标；增量值编程时，为螺纹终点 *C* 相对于循环起点 *A* 的有向距离，图形中用 *U*、*W* 表示。

I：为螺纹起点 *B* 与螺纹终点 *C* 的半径差，其符号为差的符号（无论是绝对值编程还是增量值编程）。

R，E：螺纹切削的退尾量，R、E 均为向量，R 为 *Z* 向回退量；E 为 *X* 向回退量，R、E 可以省略，表示不用回退功能。

C：螺纹头数，为 0 或 1 时切削单头螺纹。

P：单头螺纹切削时，为主轴基准脉冲处距离切削起始点的主轴转角（缺省值为 0）；多头螺纹切削时，为相邻螺纹头的切削起始点之间对应的主轴转角。

F：螺纹导程。

【任务实施】

(1) 任务布置

如图 3-59 所示的螺纹零件，已知材料为 45 钢，毛坯尺寸为 ϕ35mm×60mm。要求分析零件的加工工艺，编写零件的数控加工程序，并通过仿真调试优化程序，最后进行零件的加工检验。

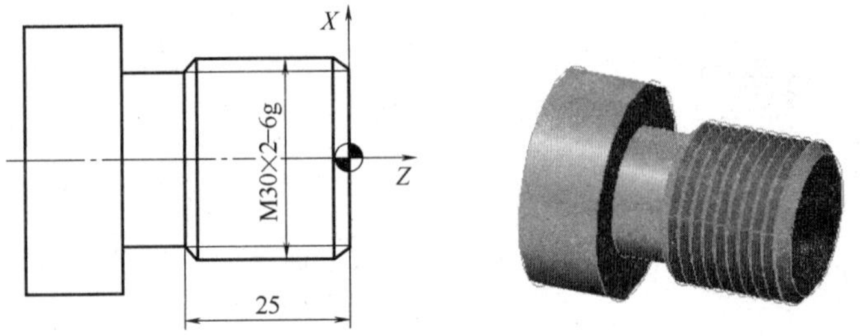

图 3-59 螺纹与尺寸标注

(2) 任务工艺分析

1) 零件图分析。如图 3-60 所示，该任务零件由外圆、倒角、槽、螺纹等表面组成，其中外圆、倒角、槽需要先加工好，然后用 G92 循环指令加工 M30×2—6g 螺纹。

2) 确定装夹方案。该工件采用三爪自定心卡盘装夹定位，零件将一次装夹完成，编程原点设置在工件前端面的中心处，螺纹的车削将采用单行程螺纹切削指令加以完成。

3) 确定加工顺序及加工路线。加工顺序：按“先主后次、先粗后精、先外后内”的加工原则确定加工路线。先由粗到精加工 M30×2 零件外轮廓，然后加工螺纹的退刀槽，最后进行螺纹的切削加工。

4) 刀具及切削用参数选择。

本任务采用表 3-11 所示工艺参数进行加工。

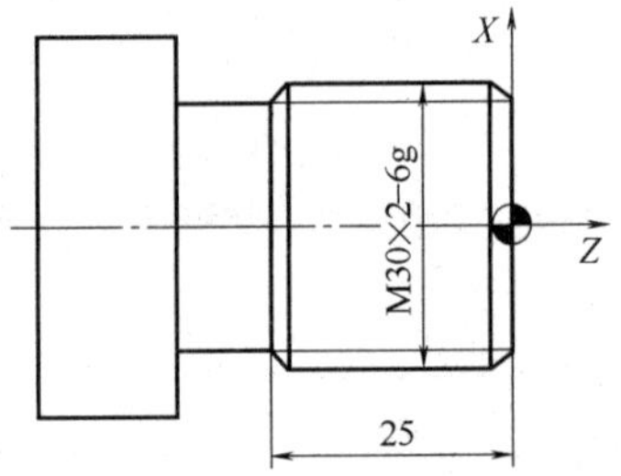

图 3-60 螺纹加工任务尺寸图

表 3-11 加工工艺参数

步号	工步内容	刀具	切削用量		
			切削深度/mm	主轴转速/(r/min)	进给速度/(mm/r)
1	粗加工零件外形尺寸至要求	T01	1.5	600	0.25
2	精加工	T02	0.5	800	0.08
3	退刀槽加工	T03	5	600	0.25
4	螺纹加工	T04	0.7～1.2	800	0.08

(3) 编制加工程序并导入车床

1) 程序的编制。按照上述加工工艺步骤，编制加工程序如下：

```
O0001
N10 T0101;                         粗加工
N20 G00 X40. Z1. ;
N30 M03 S600 M08;
N40 G71 U1.5 R0.5;
```

```
N50 G71 P60 Q90 U0.5 F0.25;
N60 G01 X26.;
N70 X30.Z-1.F0.08;
N80 Z-30.;
N90 X32.;
N100 G00 X100.Z100.;
N110 M05 M09;
N120 T0202;                            精加工
G00 X40.Z1.;
N130 M03 S800 N08;
N140 G70 P60 Q90;
N150 G00 X100.Z100.;
N160 M05 M09;
N170 T0303;                            切槽
N180 G00 X30.Z1.;
N190 M03 S600 M08;
N200 G01 X20.F0.25;
N210 G04 X100.;
N220 G00 X100.;
Z100.;
N230 M05 M09;
N240 T0404;                            切螺纹
N250 G00 X28.Z3.;
N260 M03 S600 M08;
N270 G92 X19.2 Z-23.F1.5;
X18.6;
X18.2;
X18.04;
N280 G00 X100.Z100.;
N290 M05 M09;
N300 G28;
N310 M30;
```

2）仿真加工。使用数控加工仿真软件对加工程序进行检验，正确进行数控加工仿真的操作，完成零件的仿真加工。

3）车间实际加工。通过仿真加工后，确定零件程序的正确性后，在实训车间对该零件进行实际操作加工。

4）零件检测及评价。

① 利用游标卡尺、外径千分尺、内径千分尺、表面粗糙度工艺样板等量具测量工件，学生对自己加工的零件进行检测，包括尺寸精度的检测和零件加工质量的检测。

② 教师对学生加工零件进行检测，并做出点评。

【任务作业】

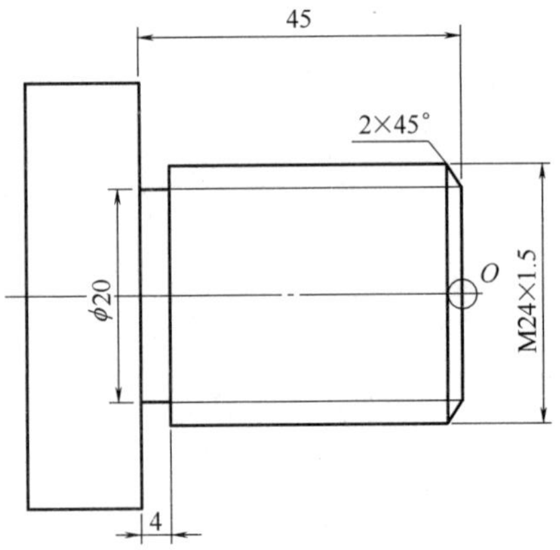

图 3-61 螺纹的加工

1. 螺纹的加工。写出加工图 3-61 所示螺纹零件的加工程序，注意：

1）螺纹加工完抽退刀距离不要超过提前加工完成的退刀槽宽度。

2）螺纹加工之前应先完成外圆及倒角加工。

3）分别用 G92 和 G32 完成上述的螺纹加工操作。

2. 螺纹综合件的加工。如图 3-62 所示的复杂成型面、切槽、螺纹的综合件加工，制定加工工艺并编写数控加工程序。

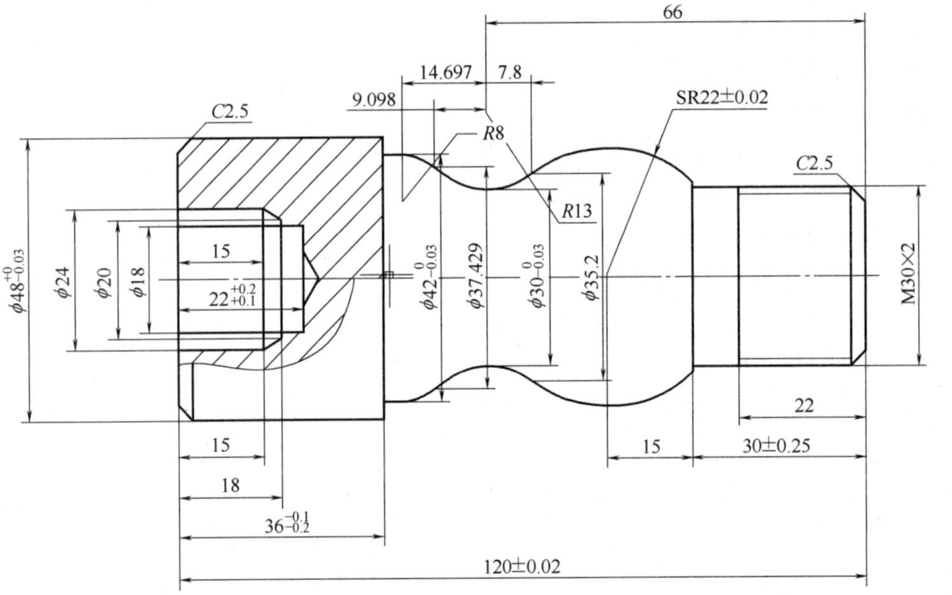

图 3-62 螺纹综合件的加工

项目4 复杂轴类零件加工

CHAPTER 4

【学习目标】

完成本学习任务后，你应当能：

◆ 了解单调轮廓加工特点及方法；掌握数控车床 FANUC 系统 G70、G71 循环指令；能初步完成单调轮廓复杂轴的编程及加工。

◆ 了解掌握非单调轮廓加工特点及方法；掌握数控车床 FANUC 系统 G73 循环指令；能完成非单调轮廓复杂轴的编程及加工。

◆ 了解多次装夹零件加工特点及方法；掌握数控车床 FANUC 系统 G72 循环指令；掌握端面切削加工特点；能正确理解 G72 循环指令参数含义及走刀路线；能完成多次装夹复杂零件的编程及加工。

建议完成本学习任务为 12 课时。

【项目导读】

数控车削的加工内容为轮廓复杂轴时的加工顺序和进给路线的确定，工艺分析、刀具选择、切削用量的计算、程序的编写。通过该项目中三个任务的学习，使学生掌握复杂轮廓加工特点及方法、掌握数控车床 FANUC 系统 G70、G71、G73 循环指令。

任务 4.1 单调轮廓复合加工

【任务目标】

【知识目标】

1）了解单调轮廓加工特点及方法。

2）掌握数控车床 FANUC 系统 G70、G71 循环指令。

【能力目标】

能初步完成单调轮廓复杂轴的编程及加工。

【知识链接】

4.1.1 加工顺序和进给路线的确定

4.1.1.1 加工顺序的确定

数控车削的加工顺序一般按照总体原则确定，下面针对数控车削的特点对这些原则进行详细的叙述。

1）先粗后精。为了提高生产效率并保证零件的精加工质量，在切削加工时，应先安排粗加工工序，在较短的时间内，将精加工前大量的加工余量去掉，如图 4-1 中的虚线内所示部分，同时尽量满足精加工的余量均匀性要求。

当粗加工工序安排完后，应接着安排换刀后进行的半精加工和精加工。其中，安排半精加工的目的是，当粗加工后所留余量的均匀性满足不了精加工要求时，则可安排半精加工作为过渡性工序，以便使精加工余量小而均匀。

在安排可以一刀或多刀进行的精加工工序时，其零件的最终轮廓应由最后一刀连续加工而成。这时，加工刀具的进退刀位置要考虑妥当，尽量不要在连续的轮廓中安排切入、切出、换刀及停顿，以免因切削力突然变化而造成弹性变形，致使光滑连接轮廓上产生表面划伤、形状突变或滞留刀痕等疵病。

2）“先近后远”加工，减少空行程时间。这里所说的远与近，是按加工部位相对于对刀点的距离大小而言的。在一般情况下，特别是在粗加工时，通常安排离对刀点近的部位先加工，离对刀点远的部位后加工，以便缩短刀具移动距离，减少空行程时间。对于车削加工，“先近后远”有利于保持毛坯件或半成品件的刚性，改善其切削条件。

例如，当加工图 4-2 所示零件时，如果按 ϕ38mm→ϕ36mm→ϕ34mm 的次序安排车削，不仅会增加刀具返回对刀点所需的空行程时间，而且还可能使台阶的外直角处产生毛刺（飞边）。对这类直径相差不大的台阶轴，当第一刀的切削深度（图中最大切削深度可为 3mm 左右）未超限时，按 ϕ34mm→ϕ36mm→ϕ38mm 的次序“先近后远”地安排车削。

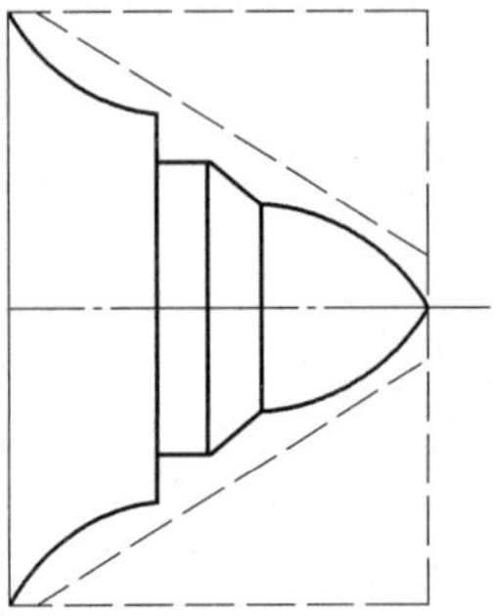

图 4-1 先粗后精示例

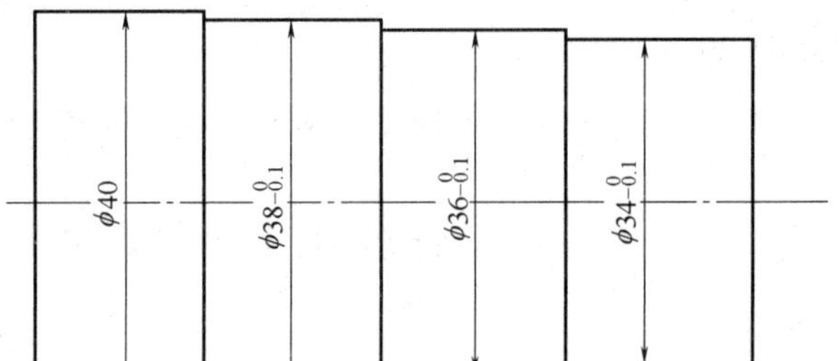

图 4-2 先近后远示例

3）内外交叉。对既有内表面（内型腔）又有外表面需加工的零件，安排加工顺序时，应先进行内外表面粗加工，后进行内外表面精加工，切不可将零件上一部分表面（外表面或内表面）加工完毕后，再加工其他表面（内表面或外表面）。

4）基面先行原则。用作精基准的表面应优先加工出来，因为定位基准的表面越精确，装夹误差就越小。例如轴类零件加工时，总是先加工中心孔，再以中心孔为精基准加工外圆表面和端面。

上述原则并不是一成不变的，对于某些特殊情况，则需要采取灵活可变的方案。如有的工件就必须先精加工后粗加工，才能保证其加工精度与质量。这些都有赖于编程者实际加工经验的不断积累与学习。

4.1.1.2　加工进给路线的确定

进给路线是刀具在整个加工工序中相对于工件的运动轨迹，它不但包括了工步的内容，而且也反映出工步的顺序。进给路线也是编程的依据之一。

加工路线的确定首先必须保持被加工零件的尺寸精度和表面质量，其次考虑数值计算简单、走刀路线尽量短、效率较高等。因精加工的进给路线基本上都是沿其零件轮廓顺序进行的，因此确定进给路线的工作重点是确定粗加工及空行程的进给路线。下面将具体分析。

1）加工路线与加工余量的关系。在数控车床还未达到普及使用的条件下，一般应把毛坯件上过多的余量，特别是含有锻、铸硬皮层的余量安排在普通车床上加工。如必须用数控车床加工时，则要注意程序的灵活安排。安排一些子程序对余量过多的部位先做一定的切削加工。

① 对大余量毛坯进行阶梯切削时的加工路线。如图 4-3 所示为车削大余量工件的两种加工路线，图 4-3（a）是错误的阶梯切削路线，图 4-3（b）按 1→5 的顺序切削，每次切削所留余量相等，是正确的阶梯切削路线，因为在同样背吃刀量的条件下，按图 4-3（a）方式加工所剩的余量过多。

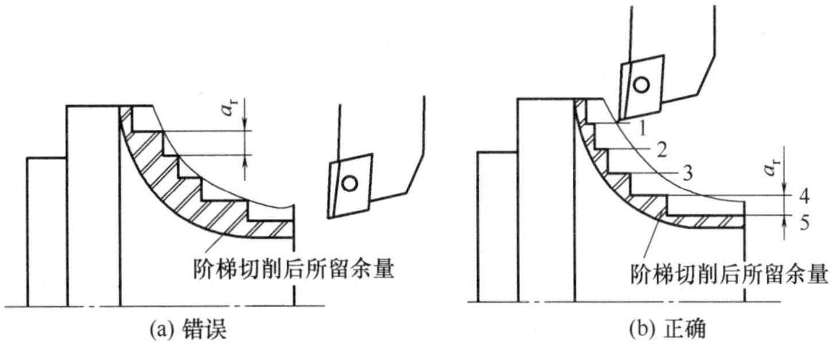

图 4-3　车削大余量毛坯的阶梯路线

根据数控加工的特点，还可以放弃常用的阶梯车削法，改用依次从轴向和径向进刀、顺工件毛坯轮廓走刀的路线，如图 4-4 所示。

② 分层切削时刀具的终止位置。当某表面的余量较多需分层多次走刀切削时，从第二刀开始就要注意防止走刀到终点时切削深度的猛增。如图 4-5 所示，设以 90°主偏角刀分层车削外圆，合理的安排应使每一刀的切削终点依次提前一小段距离 e（例如可取 $e=0.05$mm）。如果 $e=0$，则每一刀都终止在同一轴向位置上，主切削刃就可能受到瞬时的重负荷冲击。当刀具的主偏角大于 90°，但仍然接近 90°时，也可以做出层层递退的安排。经验表明，这对延长粗加工刀具的寿命是有利的。

2）刀具的切入、切出。在数控车床上进行加工时，要安排好刀具的切入、切出路线，尽量使刀具沿轮廓的切线方向切入、切出。

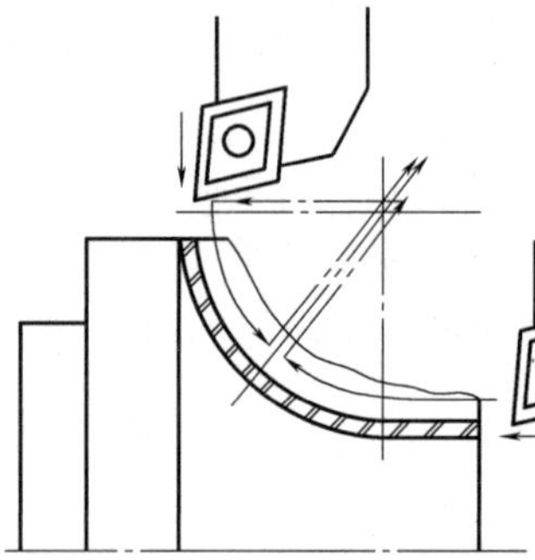

图 4-4 双向进刀走刀路线

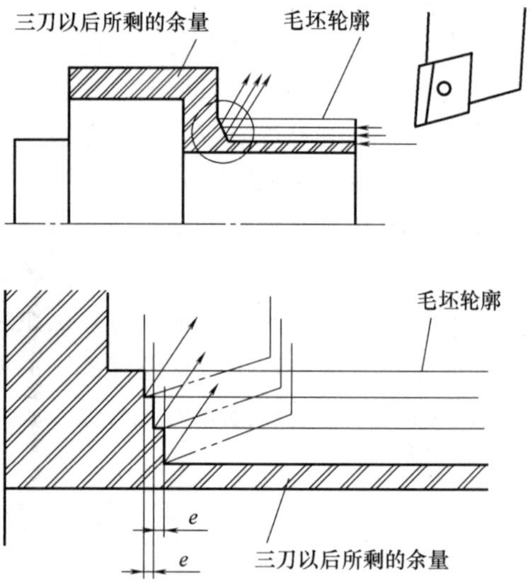

图 4-5 分层切削时刀具的终止位置

尤其是车螺纹时，必须设置升速段 δ_1 和降速段 δ_2，如图 4-6 所示，这样可避免因车刀升降而影响螺距的稳定。

3）确定最短的空行程路线。确定最短的走刀路线，除了依靠大量的实践经验外，还应善于分析，必要时辅以一些简单计算。现将实践中的部分设计方法或思路介绍如下：

① 巧用对刀点。图 4-7（a）为采用矩形循环方式进行粗车的一般情况示例，其起刀点 A 的设定是考虑到精车等加工过程中需方便地换刀，故设置在离坯料较远的位置处，同时将起刀点与其对刀点重合在一起，按三刀粗车的走刀路线安排如下：

第一刀为 $A \to B \to C \to D \to A$

第二刀为 $A \to E \to F \to G \to A$

第三刀为 $A \to H \to I \to J \to A$

图 4-7（b）则是巧将起刀点与对刀点分离，并设于图中 B 点位置，仍按相同的切削用量进行三刀粗车，其走刀路线安排如下：

起刀点与对刀点分离的空行程为 $A \to B$

第一刀为 $B \to C \to D \to E \to B$

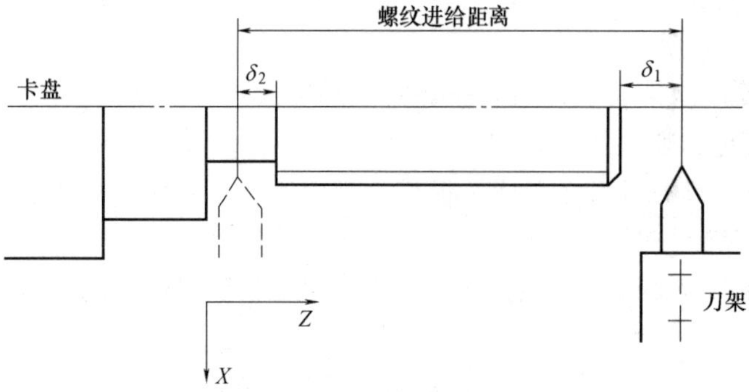

图 4-6 车螺纹时的引入距离和超越距离

第二刀为 $B \to F \to G \to H \to B$

第三刀为 $B \to I \to J \to K \to B$

显然，图 4-7（b）所示的走刀路线更短。

② 巧设换刀点。为了考虑换（转）刀的方便和安全，有时将换（转）刀点也设置在离坯件较远的位置处，如图 4-7 中 A 点，那么，当换第二把刀后，进行精车时的空行程路线

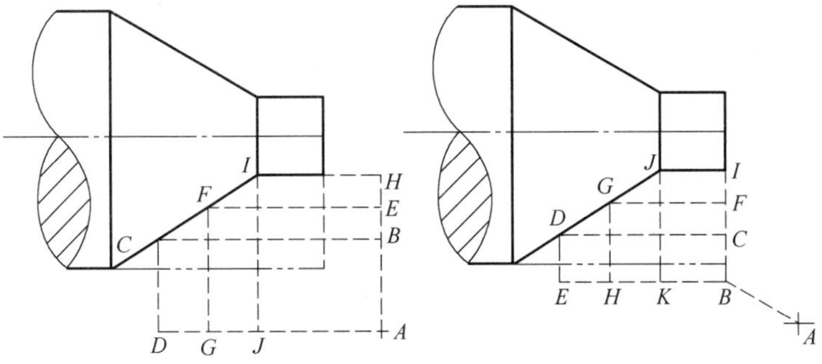

(a) 起刀点、对刀点重合　　(b) 起刀点、对刀点分离

图 4-7　巧用起刀点

必然也较长；如果将第二把刀的换刀点也设置在图 4-7（b）中的 B 点位置上，则可缩短空行程距离。

③ 合理安排“回零”路线。在手工编制较复杂轮廓的加工程序时，为使其计算过程尽量简化，既不易出错，又便于校核，编程者（特别是初学者）有时将每一刀加工完后的刀具终点通过执行“回零”（即返回对刀点）指令，使其全都返回到对刀点位置，然后再进行后续程序。这样会增加走刀路线的距离，从而大大降低生产效率。因此，在合理安排“回零”路线时，应使其前一刀终点与后一刀起点间的距离尽量减短，或者为零，即可满足走刀路线为最短的要求。

4）确定最短的切削进给路线。切削进给路线短，可有效地提高生产效率、降低刀具损耗等。在安排粗加工或半精加工的切削进给路线时，应同时兼顾被加工零件的刚性及加工的工艺性等要求，不要顾此失彼。

图 4-8 为粗车工件时几种不同切削进给路线的安排示例。其中：图 4-8（a）表示利用数控系统具有的封闭式复合循环功能控制车刀沿着工件轮廓进行走刀的路线；图 4-8（b）为利用其程序循环功能安排的“三角形”走刀路线；图 4-8（c）为利用其矩形循环功能安排的“矩形”走刀路线。

对以上三种切削进给路线，经分析和判断后可知，矩形循环进给路线的走刀长度总和为最短。因此，在同等条件下，其切削所需时间（不含空行程）为最短，刀具的损耗最小。另外，矩形循环加工的程序段格式较简单，所以这种进给路线的安排在制定加工方案时应用较多。

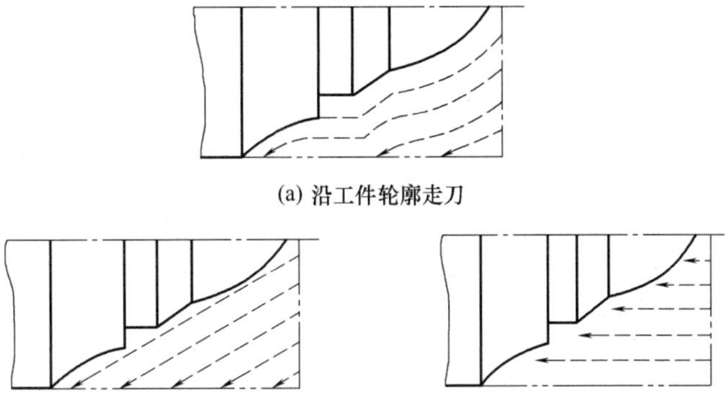
(a) 沿工件轮廓走刀　(b)“三角形”走刀　(c)“矩形”走刀

图 4-8　走刀路线示例

4.1.2　内外径切削复合循环指令

（1）精加工循环（G70）

格式：G70 P（ns）Q（nf）。

ns：精加工形状程序的第一个段号。

nf：精加工形状程序的最后一个段号。

功能：用 G71、G72 或 G73 粗车削后，G70 精车削。

（2）外圆粗车固定循环（G71）

格式：G71U（Δd）R（e）

G71P（ns）Q（nf）U（Δu）W（Δw）F（f）S（s）T（t）

N（ns）…

…

F__S__T__

N（nf）…

（以上）从序号 ns 至 nf 的程序段，指定 A 及 B 间的移动指令。

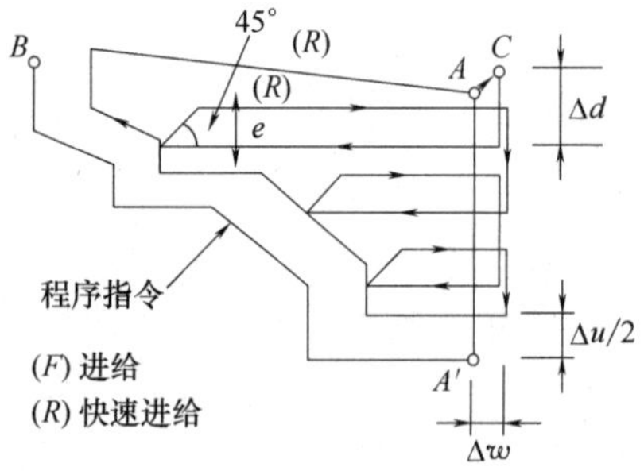

图 4-9　G71 循环示意图

Δd：切削深度（半径指定）。不指定正负符号。切削方向依照 AA' 的方向决定，在另一个值指定前不会改变。

e：退刀行程。本指定是状态指定，在另一个值指定前不会改变。

ns：精加工形状程序的第一个段号。

nf：精加工形状程序的最后一个段号。

Δu：X 方向精加工预留量的距离及方向（直径/半径）。

Δw：Z 方向精加工预留量的距离及方向。

功能：如果在图 4-9 中用程序决定 $A \rightarrow A' \rightarrow B$ 的精加工形状，用 Δd（切削深度）车掉指定的区域，留精加工预留量 $\Delta u/2$ 及 Δw。

【任务实施】

4.1.3　综合实例

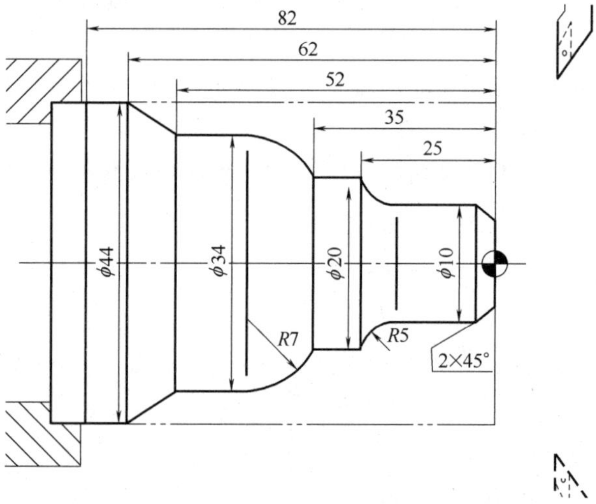

图 4-10　复合复合循环零件图

案例一：用外径粗加工复合循环编制图 4-10 所示台阶轴零件的加工程序：要求循环起始点在 A（46，3），切削深度为 1.5mm（半径量），退刀量为 1mm，X 方向精加工余量为 0.4mm，Z 方向精加工余量为 0.1mm，其中点画线部分为工件毛坯。

%1001

N1 G54 G00 X80 Z80;　　选定坐标系 G54，到程序起点位置

N2 M03 S400;　　主轴以 400r/min 正转

N3 G01 X46 Z3 F100；	刀具到循环起点位置
N4 G71U1.5R1P5Q13X0.4 Z0.1；	粗切量：1.5mm 精切量：X0.4mm Z0.1mm
N5 G00 X0；	精加工轮廓起始行，到倒角延长线
N6 G01 X10 Z−2；	精加工 2×45°倒角
N7 Z−20；	精加工 ϕ10 外圆
N8 G02 U10 W−5 R5；	精加工 R5 圆弧
N9 G01 W−10；	精加工 ϕ20 外圆
N10 G03 U14 W−7 R7；	精加工 R7 圆弧
N11 G01 Z−52；	精加工 ϕ34 外圆
N12 U10 W−10；	精加工外圆锥
N13 W−20；	精加工 ϕ44 外圆，精加工轮廓结束行
N14 X50；	退出已加工面
N15G00 X80 Z80；	回对刀点
N16 M05；	主轴停
N17 M30；	主程序结束并复位

4.1.4 华中系统内外径粗车复合循环 G71

4.1.4.1 无凹槽加工时

(1) 格式

G71 U (Δd) R (r) P (ns) Q (nf) X (Δx) Z (Δz) F (f) S (s) T (t)。

(2) 说明

Δd：切削深度（每次切削量），指定时不加符号，方向由矢量 AA'决定；

r：每次退刀量；

ns：精加工路径第一程序段（即图中的 AA'）的顺序号；

nf：精加工路径最后程序段（即图中的 $B'B$）的顺序号；

Δx：X 方向精加工余量；

Δz：Z 方向精加工余量；

f，s，t：粗加工时 G71 中编程的 F、S、T 有效，而精加工时处于 ns 到 nf 程序段之间的 F、S、T 有效。

(3) 走刀路线（图 4-11）

(4) 编程实例

如图 4-12 所示，使用 G71、G70 编制该零件的粗、精加工程序。

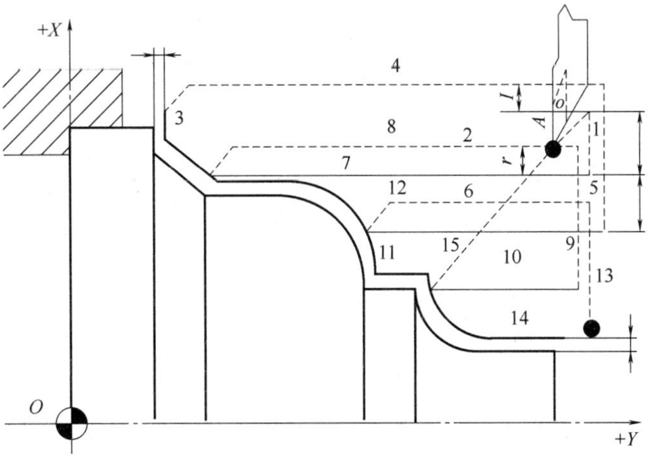

图 4-11 华中系统 G71 加工无凹槽零件的走刀路线

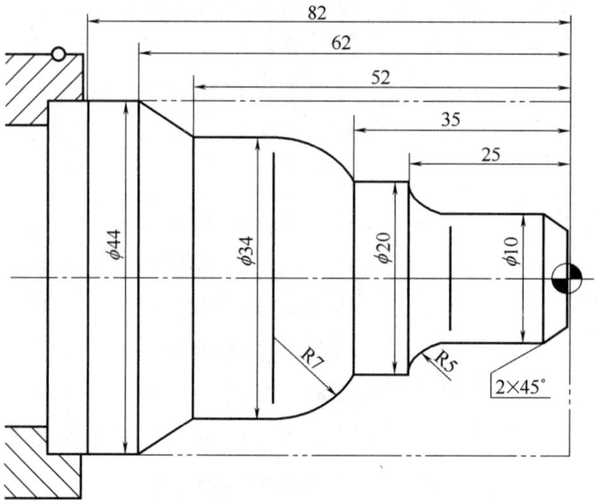

图 4-12 G71 加工无凹槽零件实例

%3331	
T0101;	
N1 G00 X80 Z80;	
N2 M03 S500;	
N3 G01 X46 Z3 F100;	运刀到待加工零件附近
N4 G71 U1.5 R1 P5 Q13 X0.4 Z0.1;	粗车循环参数
N5 G00 X0 S800;	精车程序首段
N6 G01 X10 Z−2 F80;	精车程序描述零件轮廓
N7 Z-20;	
N8 G02 U10 W−5 R5;	
N9 G01 W−10;	
N10 G03 U14 W−7 R7;	
N11 G01 Z−52;	
N12 U10 W−10;	
N13 W−20;	精车程序末段
N14 G70 P5 Q13;	精车复合循环
N15 X50;	
N16 G00 X80 Z80;	快速退刀
N17 M05;	
N18 M30;	

4.1.4.2 有凹槽加工时

(1) 格式

G71 U (Δd) R (r) P (ns) Q (nf) E (e) F (f) S (s) T (t)。

(2) 说明

Δd：切削深度（每次切削量），指定时不加符号，方向由矢量 AA' 决定；

r：每次退刀量；

ns：精加工路径第一程序段（即图中的 AA'）的顺序号；

nf：精加工路径最后程序段（即图中的 $B'B$）的顺序号；

e：精加工余量，其为 X 方向的等高距离；外径切削时为正，内径切削时为负；

f，s，t：粗加工时 G71 中编程的 F、S、T 有效，而精加工时处于 ns 到 nf 程序段之间的 F、S、T 有效。

注意：

1）G71 指令必须带有 P、Q 地址 ns、nf，且与精加工路径起、止顺序号对应，否则不能进行该循环加工。

2）ns 的程序段必须为 G00/G01 指令，即从 A 到 A' 的动作必须是直线或点定位运动。

3）在顺序号为 ns 到顺序号为 nf 的程序段中，不应包含子程序。

（3）走刀路线（图 4-13）

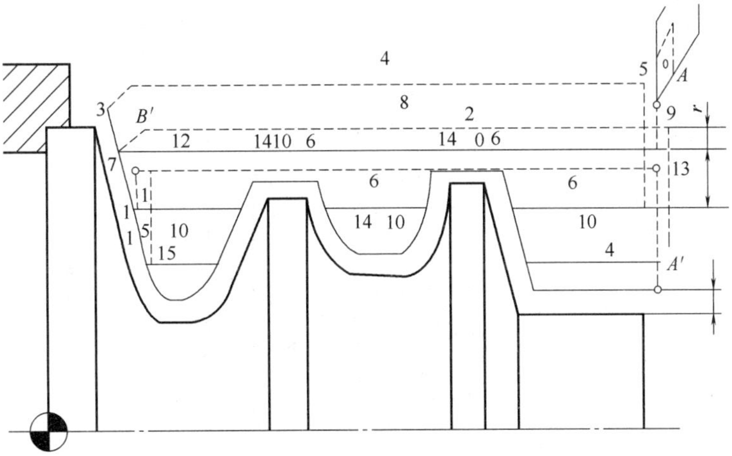

图 4-13 G71 加工有凹槽零件走刀路线

（4）编程实例

如图 4-14 所示，使用 G71、G70 编制该零件的粗、精加工程序。

%3334

N1 T0101；

N2 G00 X80 Z100；

M03 S400；

N3 G00 X42 Z3； 运刀到待加工零件附近

N4 G71 U1 R1 P8 Q19 E0.3 F100； 粗车循环参数

N5 G00 X80 Z100；

N6 T0202； 换 35°外圆车刀

N7 G00 G42 X42 Z3；　　刀尖圆弧半径右补偿
N8 G00 X10；　　精车程序首段
N9 G01 X20 Z−2 F80；
N10 Z−8；
N11 G02 X28 Z−12 R4；
N12 G01 Z−17；
N13 U−10 W−5；　　精车程序描述零件轮廓
N14 W−8；
N15 U8.66 W−2.5；
N16 Z−37.5；
N17 G02 X30.66 W−14 R10；
N18 G01 W−10；　　精车程序末段
N19 G70 P8 Q19；
N20 X40；
N21 G00 G40 X80 Z100；　　快速退刀，取消刀尖圆弧半径补偿
N22 M30；

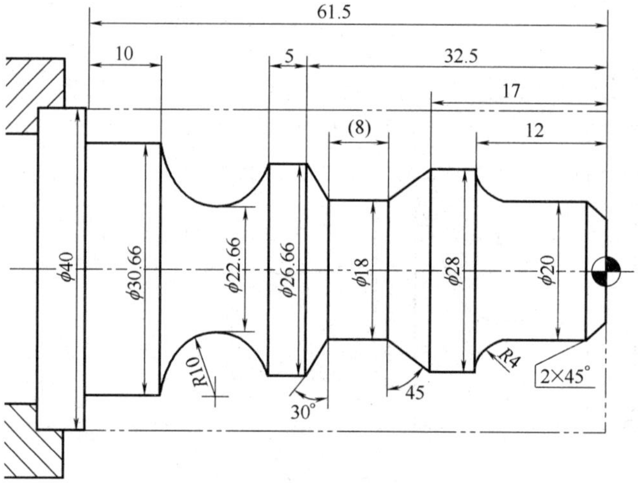

图 4-14　G71 加工有凹槽零件实例

任务 4.2　非单调轮廓复合加工

【任务目标】

【知识目标】

1）了解非单调轮廓加工特点及方法。

2）掌握数控车床 FANUC 系统 G73 循环指令。

【能力目标】

能初步完成非单调轮廓复杂轴的编程及加工。

【知识链接】

4.2.1　加工顺序及走刀路线

对工件毛坯切削区域的粗加工，可以有几种不同的切削进给路线选择，如图 4-15（a）所示为平行轮廓的“环切”路线，图 4-15（b）所示为平行坐标轴的“行切”走刀路线等。为使粗加工切削路线最短，要对具体加工条件具体分析。当工件毛坯为余量均匀的锻造毛坯，粗加工时，平行轮廓的“环切”路线最短。

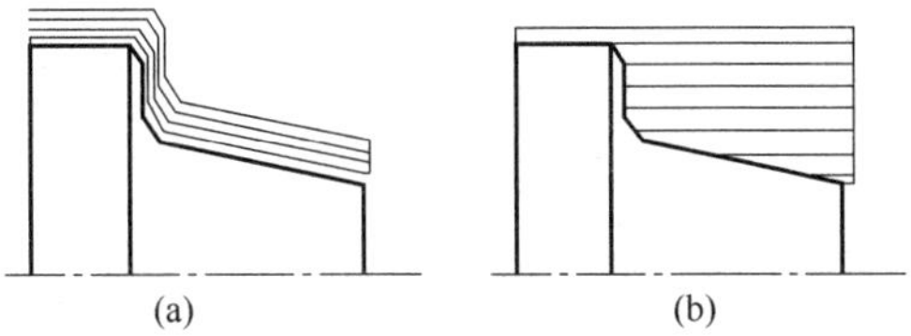

图 4-15　切削区域粗加工路线

对 FANUC 系统来讲，非单调轮廓不能用 G71 来解决，必须应用 G73 才能完成该类零件加工，如图 4-16 所示。

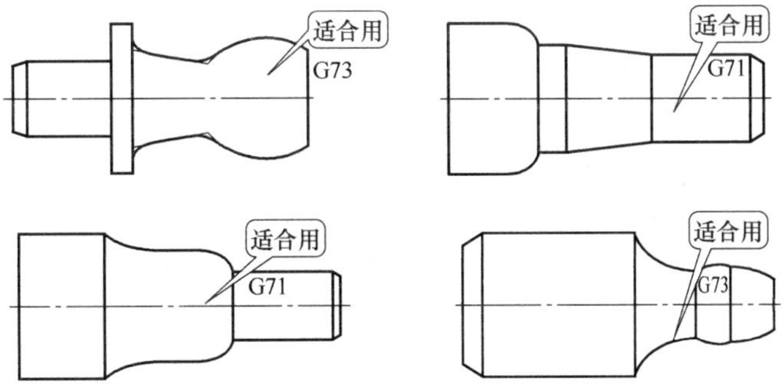

图 4-16　G73 适用零件轮廓形状

4.2.2　仿形粗车复合循环

（1）格式：G73 U（Δi） W（Δk） R（d）

G73 P（ns） Q（nf） U（Δu） W（Δw） F（f） S（s） T（t）

N（ns） …

…　　　沿 $A\ A'B$ 的程序段号；

N（nf） …

Δi：X 轴方向退刀距离（半径指定）；

Δk：Z 轴方向退刀距离（半径指定）；

d：分割次数，这个值与粗加工重复次数相同；

ns：精加工形状程序的第一个段号；

nf：精加工形状程序的最后一个段号；

Δu：X 方向精加工预留量的距离及方向（直径/半径）；

Δw：Z 方向精加工预留量的距离及方向。

（2）功能

本功能用于重复切削一个逐渐变换的固定形式，用本循环，可有效地切削一个用粗加工锻造或铸造等方式已经加工成型的工件，如图 4-17 所示。

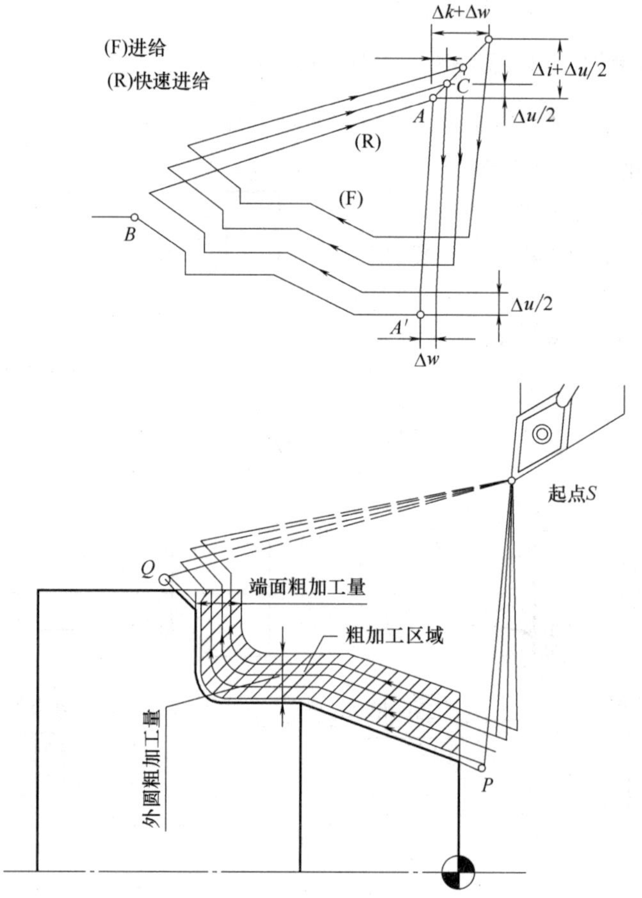

图 4-17 G73 循环示意图

【任务实施】

4.2.3 综合实例

毛坯为 ϕ40mm 的棒料车成手柄，有尺寸精度要求，表面粗糙度要求为 $Ra1.6\mu m$。

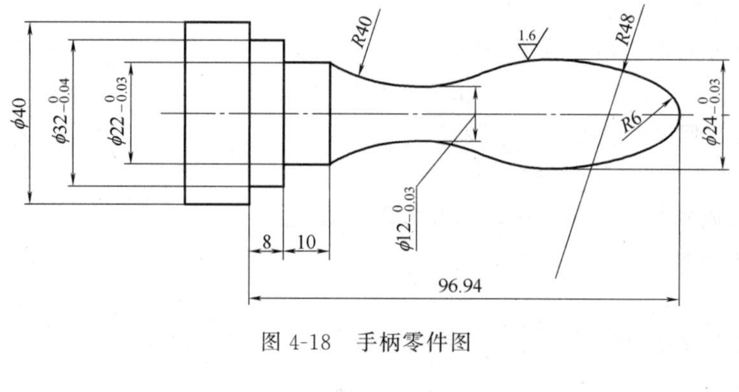

图 4-18 手柄零件图

(1) 工艺分析

1) 加工过程。

① 端面切削；

② 用 G90 在循环方式下，切削 ϕ32mm 圆柱面和 ϕ24.5mm 表面；

③ 用 G73 粗加工工件圆弧轮廓外圆面；

④ 用 G70 精加工工件外圆面。

2) 装夹方案。

拟用三爪自定心卡盘进行装夹，夹持左端 ϕ40mm 柱面，伸长 100mm。工件坐标的零点选在右端面的中心。

3) 刀具及切削用量选择，如表 4-1 所示。

表 4-1　刀具参数表

序号	加工面	刀具号	刀具类型	主轴转速/(r·min^{-1})	进给速度/(mm·r^{-1})
1	车外形	T01	93°外圆车刀(刀尖 80°)	端面 1500,外粗 800	0.2
2	车外形	T02	93°菱形外圆车刀(刀尖 35°)	精 1500	0.1

① 选用刀尖角 80°、主偏角 93°的外圆车刀，切削圆柱面、ϕ24.5mm 表面，粗加工工件圆弧轮廓外圆面；选用刀尖角 35°、主偏角 93°的外圆车刀精加工工件圆弧轮廓外圆面。

② 背吃刀量的选择。粗车轮廓时选用 $a_p=2$mm，精车轮廓时选用 $a_p=0.5$mm。

③ 主轴转速的选择。主轴转速的选择与工件材料、刀具材料、工件直径的大小、加工精度和表面粗糙度要求等都有关系，选择外轮廓粗加工转速 800r/min，精车转速 1500r/min。

④ 进给量选择。选择外轮廓粗、精车的进给量为 0.2mm/r 和 0.1mm/r。

(2) 走刀轨迹

各节点坐标如图 4-19 所示。

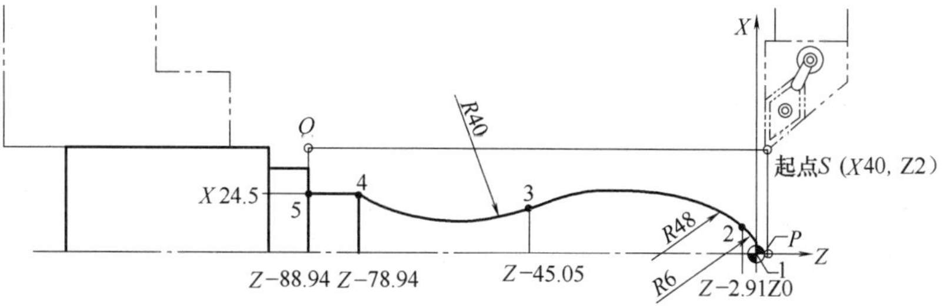

图 4-19　手柄走刀轨迹

(3) 程序编制

参考加工程序如下：

```
O5105;
G99;
T0101;
M03 S600;
```

```
G00 X65 Z3;
G90 X55 Z-96.936 F0.3;
X48.0;
X42.0;
X36.0;
X32.5;
X32.0;
G00 X45 Z0;
G01 X-1 F0.1;
X45 Z0;
G00 X100 Z100;
M05;
M00;
G99;
T0202;
M03 S800;
G00 X40 Z2;
G73 U12 R6;
G73 P80 Q120 U0.2 W0.1 F0.3;
N80 G00 X0;
G01 Z0.0;
G03 X10.29 Z-2.91 R6 F0.05;
X17.45 Z-44.43 R48.0;
G02 X22 Z-78.94 R40;
G01 W-10;
N120 X40;
G00 X100 Z100;
M05;
M00;
T0202 M03 S1500;
G00 X40 Z2;
G70 P80 Q120 F0.1;
G00 X100 Z100;
M05;
M30;
```

4.2.4 仿真加工练习

4.2.4.1 零件图

复合循环指令加工零件如图 4-20 所示的台阶轴零件。要求：*X* 方向精加工余量为

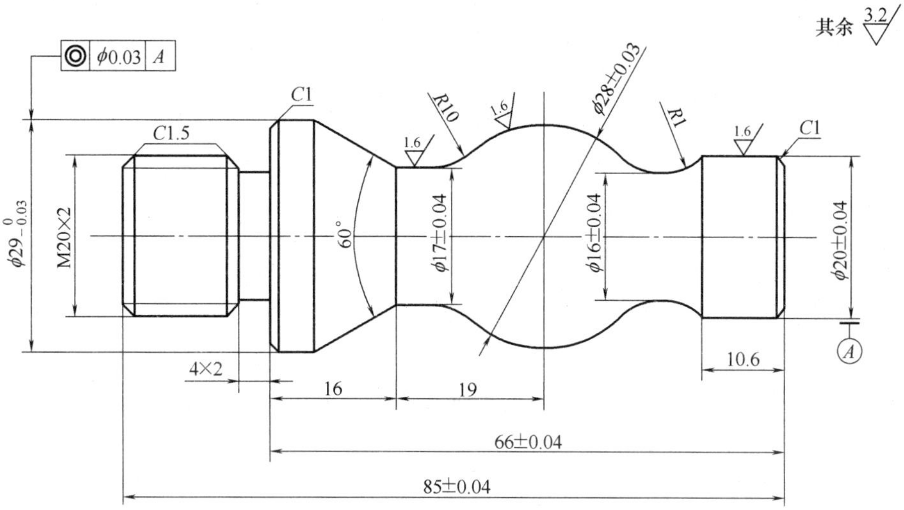

图 4-20　复合加工零件图

0.4mm，Z 方向精加工余量为 0.1mm。

4.2.4.2　工艺分析

该零件主要加工内容包括外圆粗/精加工、切槽及螺纹的加工。参考工艺如下。

（1）车制工艺台阶

在零件图中需要加工螺纹的部位以背吃刀量 2mm 手动车削一个长 15mm 的工艺台阶，为零件右端加工提供可靠的装夹基准。

（2）零件右端加工

1）由于 $\phi 29_{-0.03}^{0}$mm 的外圆和 ϕ（20±0.04）mm 外圆有同轴度要求，所以右端加工时，两处外圆在一次装夹过程中应加工完毕。

2）考虑到仅夹持 15mm 的工艺台阶，工件悬伸量较大，易产生“让刀”现象，故尽量采用“一夹一顶”的装夹方式加工。

3）外轮廓包含圆弧和圆锥面，为避免“欠切”和“过切”现象的产生，程序中应采用刀尖圆弧半径补偿功能。

（3）零件左端加工

左端加工较简单，只需夹住 ϕ（20±0.04）mm 外圆，用“一夹一顶”的装夹方式切槽和加工螺纹即可。

4.2.4.3　刀具选择

1）选用 ϕ3A 型中心钻钻削中心孔。

2）粗、精车外轮廓及车削端面时选用 93°硬质合金机夹式外圆刀（刀尖角 35°、刀尖圆弧半径 0.4mm）。

3）螺纹退刀槽采用 4mm 切槽刀加工。

4）车削螺纹选用 60°硬质合金外螺纹车刀。

具体刀具参数见表 4-2。

表 4-2　　螺纹球面短轴加工刀具卡

序号	刀具号	刀具类型	刀具半径/mm	数量	加工表面	备注
1	T0101	93°外圆刀	0.4	1	从右至左外轮廓	刀尖角 35°
2	T0202	外切槽刀	4 槽宽	1	螺纹退刀槽	
3	T0303	外螺纹刀		1	外螺纹	刀尖角 60°

4.2.4.4 切削用量的选择

1）背吃刀量的选择。粗车轮廓时选用 $a_p=2$mm，精车轮廓时选用 $a_p=0.5$mm。

2）主轴转速的选择。主轴转速的选择与工件材料、刀具材料、工件直径的大小及加工精度和表面粗糙度要求等都有关系，根据图 4-20 要求，选择外轮廓粗加工转速 800r/min，精车转速 1500r/min。车螺纹时，主轴转速 $n=400$r/min。切槽时，主轴转速 $n=400$r/min。

3）进给速度的选择。根据背吃刀量和主轴转速选择进给速度，分别选择外轮廓粗精车的进给速度为 130mm/min 和 120mm/min，切槽的进给速度为 30mm/min。

具体工步顺序、工作内容、各工步所用的刀具及切削用量等（不含工艺台阶车削工步）见表 4-3。

表 4-3　　螺纹球面短轴加工切削用量表

操作序号	工步内容	刀具号	切削用量		
			主轴转速/(r/min)	进给速度/(mm/min)	切削深度/mm
1	加工工件端面	T0101	800	100	0.5
2	粗车工件外轮廓(右端)	T0101	800	130	2
3	精车工件外轮廓(右端)	T0101	1500	120	0.5
4	粗、精车螺纹大径表面	T0101	粗 800 精 1500	120	粗 2 精 0.5
5	车螺纹退刀槽	T0202	400	30	4×2
6	车削外螺纹 M20×2	T0303	400	螺距 2	0.3
7	检验、校核				

4.2.4.5 加工程序（表 4-4）

表 4-4　　螺纹球面短轴加工程序表

数控车程序卡	零件毛坯	ϕ32mm×90mm			编写日期	
	零件名称	螺纹球面短轴	图　号		材　料	45 钢
	车床型号	CK6136	夹具名称	三爪卡盘	实训车间	数控中心
程序号	O0001			编程原点：工件右端面与中心轴线交点		
程序段号	程　序			说　明		
N10	%0001			右端粗加工复合循环及精加工程序		
N20	M03 S800 M08			主轴正转，转速 800r/min，冷却液开		
N30	T0101			刀具选择		

续表

程序号	00001	编程原点：工件右端面与中心轴线交点
程序段号	程　　序	说　　明
N40	G00 X34 Z5	快速点定位，工件加工起始点
N50	G73 U2 R5 G73P130 Q240 U0.5 W0.1 F130	外径粗车循环 U：每次单边车深；R：单边退刀量；P130：精加工第一程序段号；Q240：精加工最后程序段号；X：直径双边精加工余量；Z：Z 向精加工余量；F：粗车进给量
N60	G00 X100	退刀
N70	Z100	
N80	M05	主轴停转
N90	M00 M09	程序暂停，冷却液关，用于粗加工后检测
N100	M03 S1500 M08	主轴正转，转速 1500r/min，冷却液开
N110	T0101	刀具选择
N120	G00 X34 Z5	快速点定位，工件加工起始点
N130	G42 G00 X18 Z3	刀具靠近工件起始点，刀补建立
N140	G01 Z0 F120	
N150	X20 Z－1	倒角
N160	Z－10.6	
N170	G02 X20 Z－21.202 R8	
N180	G03 X21.58 Z－39.92 R14	
N190	G02 X17 Z－45.66 R10	
N200	G01 Z－50	
N210	X29 Z－60.392	
N220	Z－66	
N230	X32	
N240	G40 G00 X35	加工结束，刀补取消
N250	X100	退刀
N260	Z100	
N270	M05 M09	主轴停转，冷却液关
N280	M30	程序结束，返回程序头
程序号	O0002	编程原点：工件左端面与中心轴线交点
程序段号	程　　序	说　　明
N10	%0002	螺纹外径粗加工复合循环及精加工程序
N20	M03 S800 M08	主轴正转，转速 800r/min，冷却液开
N30	T0101	刀具选择
N40	G00 X34 Z5	快速点定位，工件加工起始点

续表

程序号	O0002	编程原点:工件左端面与中心轴线交点
程序段号	程　　序	说　　明
N50	G71 U2 R5 P130 Q220 X0.5 Z0.1 F130	外径粗车循环 U:每次单边车深;R:单边退刀量;P130:精加工第一程序段号;Q220:精加工最后程序段号;X:直径双边精加工余量;Z:Z 向精加工余量;F:粗车进给量
N60	G00 X100	退刀
N70	Z100	
N80	M05	主轴停转
N90	M00 M09	程序暂停,冷却液关
N100	M03 S1500 M08	主轴正转,转速 1500r/min,冷却液开
N110	T0101	刀具选择
N120	G00 X34 Z5	快速点定位,工件加工起始点
N130	G42 G00 X17 Z3	刀具靠近工件起始点,刀补建立
N140	G01 Z0 F120	
N150	X20 Z−1.5	倒角
N160	Z−13.5	
N170	X17 Z−15	倒角
N180	Z−19	
N190	X27	
N200	X29 Z−20	倒角
N210	X32	
N220	G40 G00 X35	加工结束,刀补取消
N230	X100	退刀
N240	Z100	
N250	M05 M09	主轴停转,冷却液关
N260	M30	程序结束,返回程序头
程序号	O0003	编程原点:工件左端面与中心轴线交点
程序段号	程　　序	说　　明
N10	%0003	螺纹退刀槽加工程序(左刀点对刀)
N20	M03 S400 M08	主轴正转,转速 400r/min,冷却液开
N30	T0202	刀具选择
N40	G00 X30 Z5	快速点定位,工件加工起始点
N50	Z−19	定位
N60	G01 X16 F30	切槽
N70	X30 F50	退刀
N80	G00 X100	退刀
N90	Z100	

续表

程序号	O0003	编程原点:工件左端面与中心轴线交点
程序段号	程　序	说　明
N100	M05 M09	主轴停转,冷却液关
N110	M30	程序结束,返回程序头
程序号	O0004	编程原点:工件左端面与中心轴线交点
程序段号	程　序	说　明
N10	%0004	螺纹加工程序
N20	M03 S400 M08	主轴正转,转速400r/min,冷却液开
N30	T0303	刀具选择
N40	G00 X25 Z5	快速点定位,工件加工起始点
N50	G76 C1 A60 K1.1 X17.4 Z－15 U0.3 V0.3 Q0.3 F2	外螺纹复合循环 C:精加工次数;A:刀尖角度;K:螺纹牙高;X、Z:螺纹终点坐标;U:精加工单边余量;V:最小背吃刀量;Q:第一次背吃刀量;F:螺纹导程
N60	G00 X100	退刀
N70	Z100	
N80	M05 M09	主轴停转,冷却液关
N90	M30	程序结束,返回程序头

4.2.5 华中系统仿形粗车复合循环 G73

(1) 格式

G73 U (ΔI) W (ΔK) R (r) P (ns) Q (nf) X (Δx) Z (Δz) F (f) S (s) T (t)

(2) 说明

ΔI: *X* 轴方向的粗加工总余量;

Δk: *Z* 轴方向的粗加工总余量;

r: 粗切削次数;

ns: 精加工路径第一程序段的顺序号;

nf: 精加工路径最后程序段的顺序号;

Δx: *X* 方向精加工余量;

Δz: *Z* 方向精加工余量;

f, s, t: 粗加工时 G71 中编程的 F、S、T 有效,而精加工时处于 ns 到 nf 程序段之间的 F、S、T 有效。

注意:

① ΔI 和 ΔK 表示粗加工时总的切削量,粗加工次数为 r,则每次 *X*、*Z* 方向的切削量为 ΔI/r,ΔK/r;

② 按 G73 段中的 P 和 Q 指令值实现循环加工,要注意 Δx 和 Δz,ΔI 和 ΔK 的正负号。

③ 华中系统 G73 走刀路线、精车程序编制方法与 FANUC 系统相同。

【任务作业】

完成如图 4-21 所示零件的编程及加工。

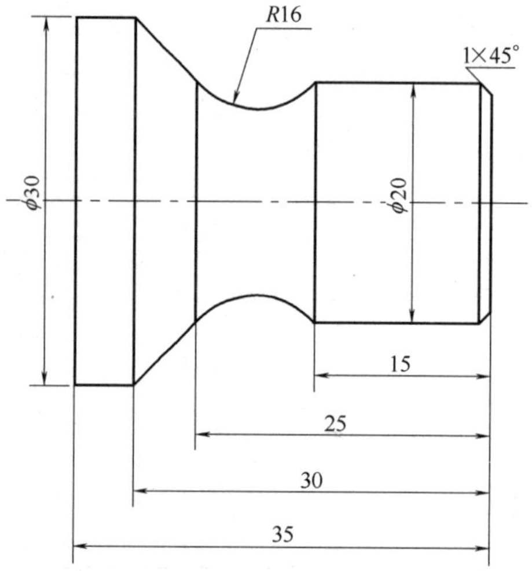

图 4-21 综合零件加工图

任务 4.3 多次装夹零件加工

【任务目标】

【知识目标】

1）了解多次装夹零件加工特点及方法。

2）掌握数控车床 FANUC 系统 G72 循环指令。

3）掌握端面切削加工特点。

【能力目标】

1）能正确理解 G72 循环指令参数含义及走刀路线。

2）能完成多次装夹复杂零件的编程及加工。

【知识链接】

4.3.1 二次装夹零件分析

如图 4-22 所示，由于大部分车床同时采用左右切削生产效率不高，因此对该类零件一般采用多次装夹完成加工。换装后第二次对刀与第一次对刀在 Z 向使用不同方法，需要在已加工端面找一基准完成对刀。

另外，端面切削是车削加工中不可避免的内容，尤其是大余量切削需采用不同的方法完成，故需专门对端面切削的方法进行讲解。

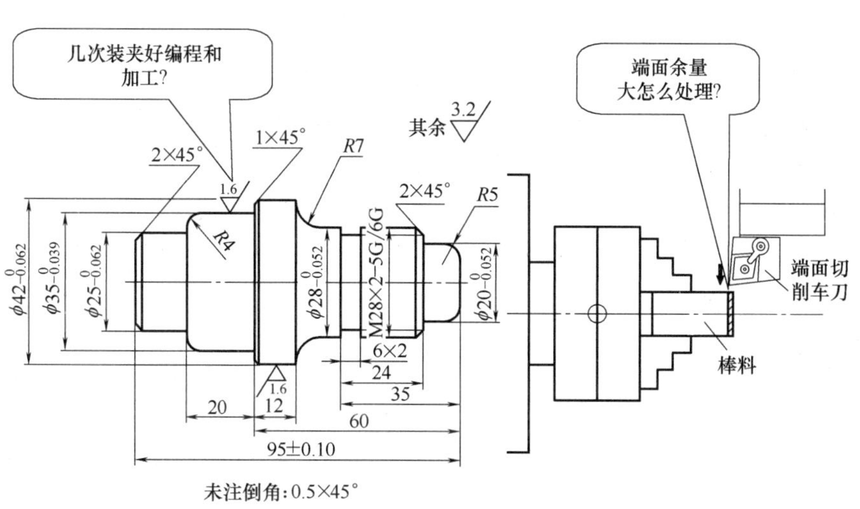

图 4-22　二次装夹零件图

【任务实施】

4.3.2 多次装夹零件加工

如图 4-23 所示是一个较为典型的轴类零件，需要在数控车床上完成加工。该零件由圆弧面、圆柱面、外螺纹、槽等构成。毛坯尺寸为 ϕ45mm×102mm。

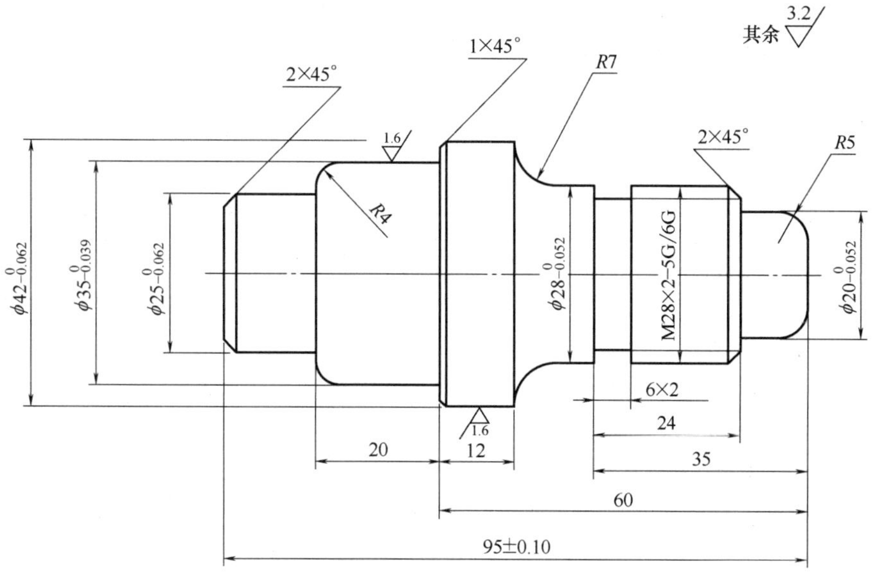

图 4-23　典型轴类零件

（1）工艺分析及处理

1）分析零件图（略）。

2）工艺方案及加工路线的确定。

以右端面中心点为原点建立工件坐标系。根据该零件的具体形状，加工时需分两次装夹。第一次装夹加工左边端面、外形轮廓。第二次装夹加工右边端面、外形及螺纹。

具体加工路线如下：

第一次装夹：车左端面→粗车外形轮廓，留 0.5mm →精车外形轮廓。

第二次装夹：车右端面至尺寸→粗车外形轮廓，留 0.5mm →精车外形轮廓→切槽→车螺纹。

数控加工工序卡见表 4-5。

3）装夹方案确定。

该零件要两次装夹，第一次夹持毛坯，伸出 65mm，找正并夹紧。第二次掉头装夹已车削好的 ϕ35mm 圆柱面，为了不损伤工件，夹持前通过铜皮或开槽的工装套间接夹持工件。

4）刀具设计与选择。

1 号刀：外圆车刀，用于加工左右端面及外形轮廓粗车。

2 号刀：切槽刀，用于加工内螺纹退刀槽。

3 号刀：60°外螺纹车刀，用于加工外螺纹。

4 号刀：外圆车刀，用于外形轮廓精车。

表 4-5 数控加工工序卡

零件名称		数量		材料		零件图号	
工序号	程序编号	夹具名称	夹具编号		使用设备		车间
		三爪卡盘					

工步号	工步内容	刀具	背吃刀量 a_p /mm	主轴转速 n /(r/min)	进给速度 /(mm·r^{-1})	余量/mm
1	车左端面	T01		800	0.2	0
2	粗车左边外形轮廓	T01	1	800	0.3	0.5
3	精车右边外形轮廓	T04	0.5	1500	0.1	
4	掉头装夹，粗车端面	T01	1	800	0.2	
5	精车端面，保证总长	T01	0.5	800	0.3	
6	粗车外形轮廓	T01	1	800	0.3	0.5
7	精车外形轮廓	T04	0.5	1500	0.1	
8	切螺纹退刀槽	T02		350	0.1	
9	车外螺纹	T03		300		

（2）数学计算

M28×2 外螺纹的计算：

牙深（直径）：$t=1.3P=1.3\times2=2.6$

螺纹大径：$D_{大}=D_{公称}-0.1P=28-0.1\times2=27.8$

螺纹小径：$D_{小}=D_{公称}-1.3P=28-1.3\times2=25.4$

根据牙深，螺纹分 5 刀加工。第一刀：0.9mm；第二刀：0.6mm；第三刀：0.6mm；第四刀：0.4mm；第五刀：0.1mm。

（3）第二次对刀

Z 向坐标值：$Z=60-L$

其中：L 为加工台阶与基准间的测量值；60 为原点与基准间的理论值。

（4）编写加工程序

零件右边外形、左边外形用单一固定循环指令编写。表 4-6 是数控加工程序单。

表 4-6　　零件加工程序

零件左边部分程序	注　释
O0001	程序号
G54 G99 G40 G97	选择工件坐标系
M03 S800 T0101	换 1 号端面刀，主轴正转，800r/min
G00 X50 Z0	定位
G01 X0 F0.2	车端面
G00 X45 Z2	退刀
G71 U2 R1	粗车循环，背吃刀量 2mm，退刀 1mm
G71 P10 Q20 U0.5 W0.2 F0.3	粗车外圆
N10 G01 X21 F0.1	ns（此处不能有 Z 坐标的变化）
X25 Z−2	
Z−15	
X29	
G03 X35 Z−18 R3	
G01 Z−40	
X42	
N20 Z−55	nf
G00 X50 Z150	退刀
T0404	换精车刀
S1500	提高转速到 1500r/min
G0 X45 Z2	
G70 P10 Q20 F0.1	精车
G00 X50 Z150	
T0101	
M30	程序结束
零件右边部分程序	**注释**
O0002	程序名
G55 G99 G97 G40	选择工件坐标系
G0 X50 Z150	
T0101	
M3 S800	
G0 X50 Z0	
G1 X0 F0.2	
G0 X45 Z2	
G71 U2 R1	粗车循环，背吃刀量 2mm，退刀 1mm

续表

零件右边部分程序	注　释
G71 P10 Q20 U0.5 W0.2 F0.3 N26　X18	精加工余量 X 0.5mm,Z 0.2mm
N10 G1 X10 F0.1	ns(此处不能有 Z 坐标的变化)
Z0	
G3 X20 Z－5 R5	
G1 Z－11	
X24	
X28 Z－13	
Z－41	
G2 X42 Z－48 R7	
N20 G1 X45	nf
G00 X50 Z150	
T0404	换精车刀
S1500	
G0 X45 Z2	
G70 P10 Q20 F0.1	精车循环
G00 X50 Z150	
T0202　S350	换切槽刀
G0 X30 Z－35	
G1 X24 F0.1	切槽
G4 X2	暂停 2s
G1 X30	
G0 X50 Z150	
T0303　S300	换螺纹刀
G0 X30 Z2	
G92 X27.1 Z－32 F2	车螺纹
X26.5	第二刀
X25.9	第三刀
X25.5	第四刀
X25.4	第五刀
X25.4	光一刀
G0 X50 Z150	
T0101	
M30	程序结束

4.3.3 仿真加工练习

如图 4-24 所示是一个较为复杂的轴类零件，该零件由圆弧面、圆柱面、圆锥面、外螺纹、槽等构成。毛坯尺寸为 ϕ45mm×122mm。

(1) 工艺分析及处理

1) 分析零件图（略）。

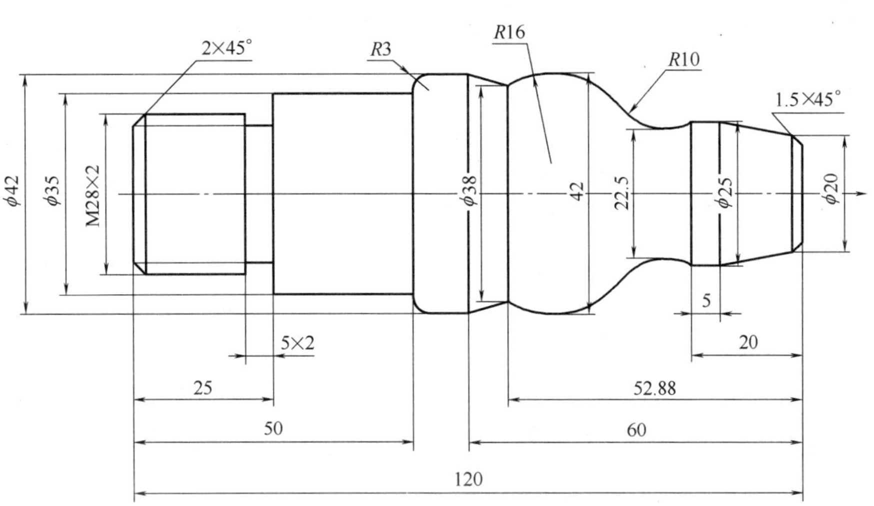

图 4-24 典型轴类零件

2）工艺方案及加工路线的确定。以右端面中心点为原点建立工件坐标系。根据该零件的具体形状，加工时需分两次装夹。第一次装夹加工左边端面、外形轮廓、螺纹；第二次装夹加工右边端面、外形轮廓。

具体加工路线为：

第一次装夹：车左端面→粗车外形轮廓，留 0.5mm→精车外形轮廓→切槽→车螺纹；

第二次装夹：车右端面至尺寸→粗车外形轮廓，留 0.5mm→精车外形轮廓。

数控加工工序卡见表 4-7。

表 4-7 数控加工工序卡

零件名称		数量		材料		零件图号	
工序号	程序编号	夹具名称	夹具编号		使用设备		车间
		三爪卡盘					
工步号	工步内容	刀具	背吃刀量 a_p /mm	主轴转速 n /(r/min)	进给速度 /(mm·r)	余量/mm	
1	车左端面	T01		800	0.2	0	
2	粗车左边外形轮廓	T01	1	800	0.3	0.5	
3	精车左边外形轮廓	T04	0.5	1500	0.1		
4	切螺纹退刀槽	T02		350	0.1		
5	车外螺纹	T03		300			
6	掉头装夹，粗车端面	T01	1	800	0.2		
7	精车端面，保证总长	T01	0.5	800	0.3		
8	粗车外形轮廓	T04	1	800	0.3	0.5	
9	精车外形轮廓	T04	0.5	1500	0.1		

3）装夹方案确定。该零件要两次装夹：第一次夹持毛坯，伸出 70mm，找正并夹紧；第二次掉头装夹已车削好的 $\phi35$mm 圆柱面，为了不损伤工件，夹持前通过铜皮或开槽的

工装套间接夹持工件。

4）刀具设计与选择。

1 号刀：外圆车刀，用于加工左右端面及外形轮廓粗车。

2 号刀：切槽刀，用于加工螺纹退刀槽。

3 号刀：60°外螺纹车刀，用于加工外螺纹。

4 号刀：外圆车刀，用于外形轮廓精车。

（2）数学计算

1）R10 和 R16 圆弧的切点坐标计算：通过手工计算（也可以用 CAD 软件查询），得出切点坐标为：(30，－32.647)。

2）M28×2 外螺纹的计算：

牙深（直径）：$t=1.3P=1.3\times2=2.6$

螺纹大径：$D_{大}=D_{公称}-0.1P=28-0.1\times2=27.8$

螺纹小径：$D_{小}=D_{公称}-1.3P=28-1.3\times2=25.4$

根据牙深，螺纹分刀加工。第一刀：0.9mm；第二刀：0.6mm；第三刀：0.6mm；第四刀：0.4mm；第五刀：0.1mm。

3）G73 分割次数 R 的计算（假设每次切削深度为 2mm）：

R =(毛坯直径－零件最小直径)/2－1(减1是为了少走一刀空刀)

=(45－17)/2－1=13

（3）编写加工程序

零件左边外形粗精加工采用 G71＋G70 编写，右边外形采用 G73＋G70 编写。数控加工程序单如表 4-8 所示。

表 4-8　　零件加工程序

零件左边部分程序	注　释
O0001	程序号
G54 G99 G40 G97	选择工件坐标系 G54
M03 S800 T0101	换 1 号端面刀，主轴正转，800r/min
G00 X50 Z0	定位
G01 X0 F0.2	车端面
G00 X45 Z2	退刀
G71 U2 R1	粗车循环，背吃刀量 2mm，退刀 1mm
G71 P10 Q20 U0.5 W0.2 F0.3	精车余量：X0.5mm、Z0.2mm
N10 G01 X24 F0.1	ns
Z0	
X28 Z－2	
Z－25	
X35	
Z－50	
X36	
G03 X42 Z－53 R3	

续表

零件左边部分程序	注　释
O0001	程序号
N20 G01 Z－65 G00 X50 Z150 T0404　S1500 G0 X45 Z2 G70 P10 Q20 F0.1 G00 X50 Z150 T0202　S350 G0 X30 Z－35 G1 X24 F0.1 G4 X2 G1 X35 G0 X50 Z150 T0303　S300 G0 X28 Z2 G92 X27.1 Z－32 F2 X26.5 X25.9 X25.5	nf 退刀 换精车刀,提高转速到 1500r/min 精车 切槽 暂停 2s 退出 退刀 换螺纹刀 车螺纹
X25.4	
X25.4	
G0 X50 Z150 T0101 M30	 程序结束

零件右边部分程序	注　释
O0002	程序名
G55 G99 G97 G40 G0 X50 Z150 M3 S800 T0101 G0 X50 Z0 G1 X0 F0.2 G00 X50 Z150 T0404 G0 X45 Z2 G73 U19 W0 R13	选择工件坐标系 G55 切端面,保证总长 换 04 号刀 定位 粗车循环,背吃刀量 10mm,退刀 20mm

续表

零件右边部分程序	注　释
O0002	程序名
G73 P10 Q20 U0.5 W0.2 F0.3	精加工余量 X 方向 0.5mm、Z 方向 0.2mm
N10 G1 X17 F0.1	ns
X20 Z−1.5	
X25 Z−15	
Z−20	
G2 X30　Z−32.647　R10	
G3 X38 Z−52.88　R16	
N20 G1 X42 Z−60	nf
S1500	
G70 P10 Q20 F0.1	精车循环
G00 X50 Z150	
T0101	
M30	程序结束

4.3.4　端面粗车复合循环（G72）

端面粗车复合循环（G72）

格式：G72 W（Δd）R（e）

G72 P（ns）Q（nf）U（Δu）W（Δw）F（f）S（s）T（t）

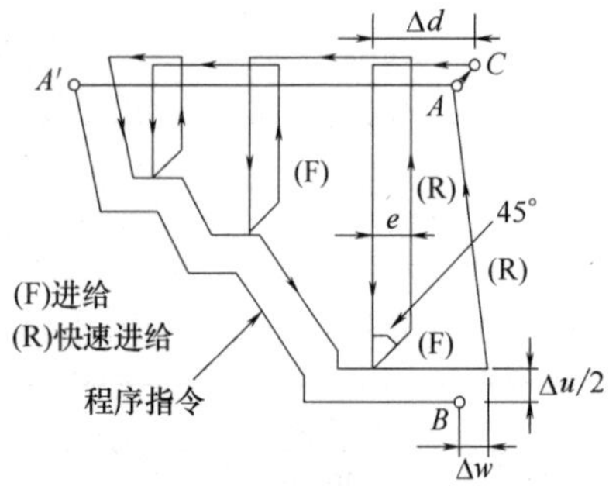

图 4-25　G72 循环示意图

Δd，e，ns，nf，Δu，Δw，f，s 及 t 的含义与 G71 相同。

功能：该指令主要用来加工盘类零件，切削时先沿 Z 向进刀，再沿 X 向切削，精车程序描述零件轮廓时要从 A′向 B 描述，这一点与 G71、G73 均不相同，走刀路线如图 4-25 所示。

4.3.5　华中系统端面粗车复合循环（G72）

（1）格式

G72 W（Δd）R（r）P（ns）Q（nf）X（Δx）Z（Δz）F（f）S（s）T（t）。

（2）说明

Δd：切削深度（每次切削量），指定时不加符号，方向由矢量 AA′决定；

r：每次退刀量；

ns：精加工路径第一程序段的顺序号；

nf：精加工路径最后程序段的顺序号；

Δx：X 方向精加工余量；

Δz：Z 方向精加工余量；

f、s、t：粗加工时 G71 中编程的 F、S、T 有效，而精加工处于 ns 到 nf 程序段之间的 F、S、T 有效。

（3）注意

1）G72 指令必须带有 P、Q 地址，否则不能进行该循环加工。

2）在 ns 的程序段中应包含 G00/G01 指令，进行由 A 到 A' 的动作，且该程序段中不应编有 X 向移动指令。

3）在顺序号为 ns 到顺序号为 nf 的程序段中，可以有 G02/G03 指令，但不应包含子程序。

（4）走刀路线

华中系统 G72 指令与 FANUC 系统 G72 指令走刀路线相同，如图 4-26 所示。

（5）编程实例

使用 G72、G70 指令编制如图 4-22 所示零件的粗精加工程序。

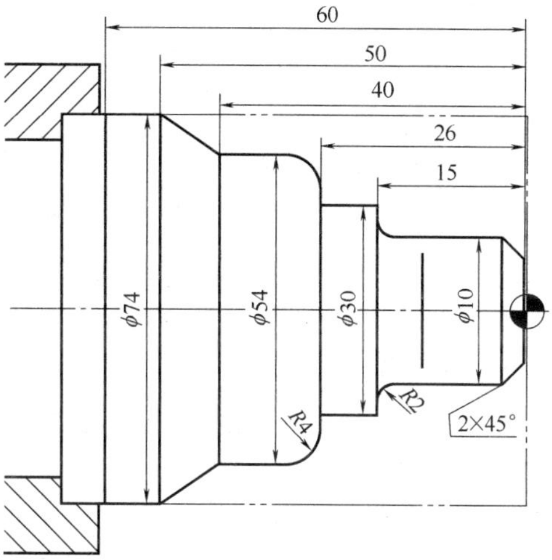

图 4-26　G72 编程实例

```
%3337
N1 T0101;
N2 G00 X100 Z80;
N3 M03 S400;
N4 X80 Z1;
N5 G72 W1.2 R1 P8 Q17 X0.2 Z0.5 F100;
N6 G00 X100 Z80;
N7 G42 X80 Z1;
N8 G00 Z-56;
N9 G01 X54 Z-40 F80;
N10 Z-30;
N11 G02 U-8 W4 R4;
N12 G01 X30;
N13 Z-15;
N14 U-16;
N15 G03 U-4 W2 R2;
N16 Z-2;
N17 U-6 W3;
N18 G70 P8 Q17;
N19 G00 X50;
N20 G40 X100 Z80;
N21 M30;
```

【任务作业】

试选用合适的复合循环指令完成图 4-27 所示零件数控加工程序的编制。

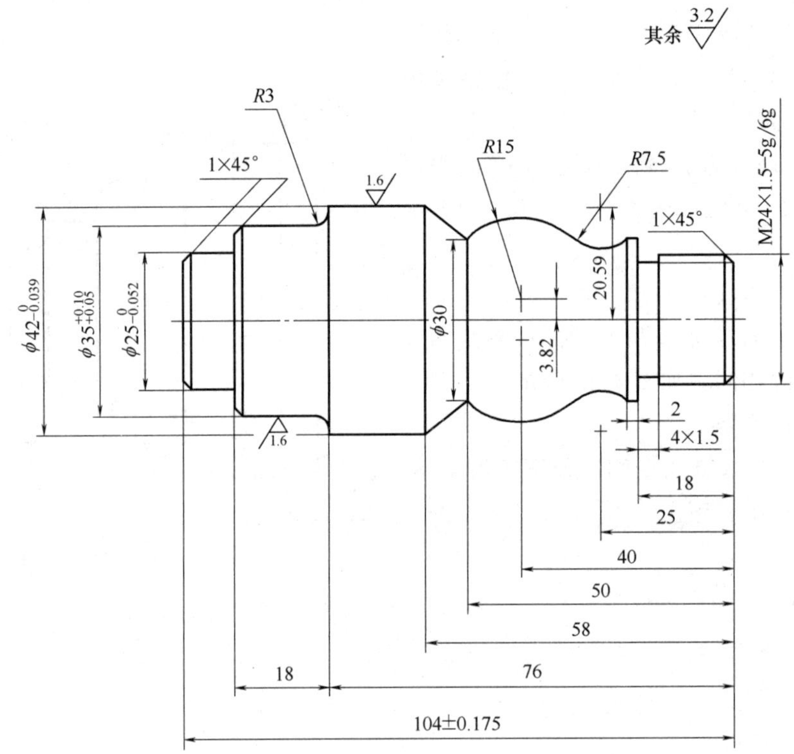

未注倒角：0.5×45°

图 4-27 综合练习图

项目5 孔轴配合件的加工

CHAPTER 5

【学习目标】

完成本学习任务后，你应当能：

◆ 了解恒定线速度切削功能指令及应用，能够完成内轮廓综合加工工艺制定及循环参数选择。

◆ 能够正确选择通孔加工刀具及内孔车刀的对刀方法，能合理确定切削用量。

◆ 能正确完成装配图、零件图样分析；能进行组合件的加工步骤分析，提高复杂零件工艺分析的能力；能合理选择刀具并确定切削参数。

◆ 能完成螺纹配合件的编程及加工。

建议完成本学习任务为 12 课时。

【项目导读】

组合件是由若干个不同的零件相互配合而成的组件。与单一零件的车削加工比较，组合件的车削加工不仅要保证组合件中各个零件的加工质量，而且还需要保证各个零件按规定组合装配后的技术要求。在车削加工组合件时既考核车圆柱面、车圆锥、车螺纹等车工的基本操作技能，又考核保证位置精度的措施和工艺尺寸链计算等相关知识，还要求操作者具有较强的应变能力。因此技能竞赛经常采用车削组合件。通过该项目中两个任务的学习，使学生能对孔轴配合、螺纹配合、锥面配合零件进行正确的工艺分析并仿真加工出零件。

任务 5.1　轴套的车削加工

【任务目标】

【知识目标】

1）掌握恒定线速度切削功能指令及应用。

2）掌握内轮廓综合加工工艺制定及循环参数选择。

3）正确选择通孔加工刀具。

4）能合理确定切削用量。

【能力目标】

1）恒定线速度切削功能指令及应用。

2）内轮廓综合加工工艺制定及循环参数选择。

3）正确选择通孔加工刀具及内孔车刀的对刀方法。

4）掌握孔加工的方法及尺寸控制方法。

5）完成套类零件加工。

【知识链接】

5.1.1 课题导入

完成如图5-1所示轴套零件的加工。单件生产，材料45钢。

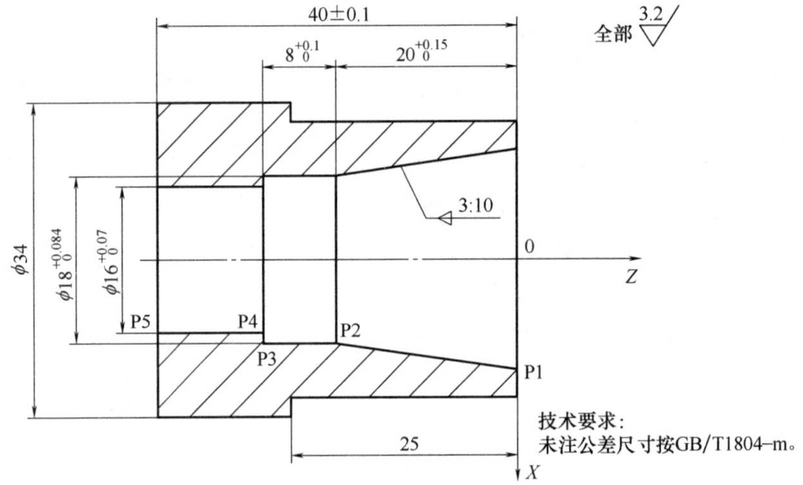

图5-1 轴套零件

轴套是一种典型的套类零件，其主要由有较高同轴要求的内外圆表面组成，零件的壁厚较小，易产生变形。本任务从套类零件车削内孔的刀具、车削内孔的方法、薄壁零件的装夹、形位公差的类型及精度控制方法、零件的检测和实际操作等多个方面，使学生掌握轴套等套类零件加工的理论知识与实际操作。

5.1.2 轴套类零件加工工艺

5.1.2.1 轴套类零件内孔车削刀具

1）内孔车刀可分为通孔车刀和盲孔车刀两种，如图5-2所示。

通孔车刀切削部分的几何形状与外圆车刀相似，为了减小径向切削抗力，防止车孔时振动，主偏角 κ_r 应取得大些，一般在60°～75°，副偏角 κ_r' 一般为15°～30°。为防止内孔车刀后刀面和孔壁摩擦又不使后角磨得太大，一般磨成两个后角 α_{01} 和 α_{02}，其中 α_{01} 取6°～12°，α_{02} 取30°左右。

盲孔车刀用来车削盲孔或台阶孔，切削部分形状基本与偏刀相似，它的主偏角 κ_r 大

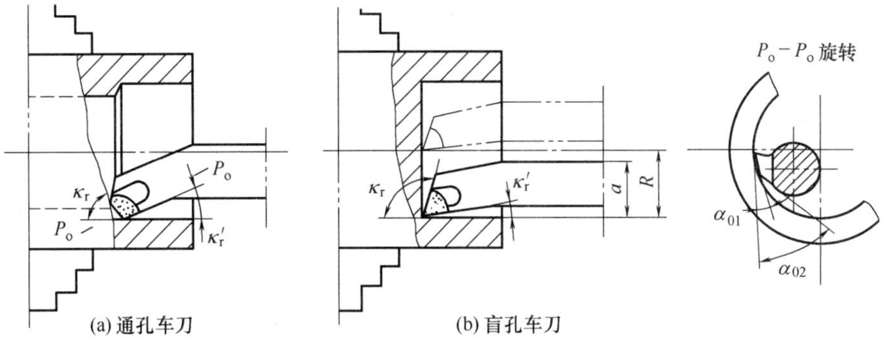

图 5-2　内孔车刀

于 90°，一般为 92°～95°，后角的要求和通孔车刀一样。不同之处是盲孔车刀的刀尖到刀杆外端的距离 a 小于孔半径 R，否则无法车平孔的底面。

2）常用的夹固式车刀如图 5-3 所示。

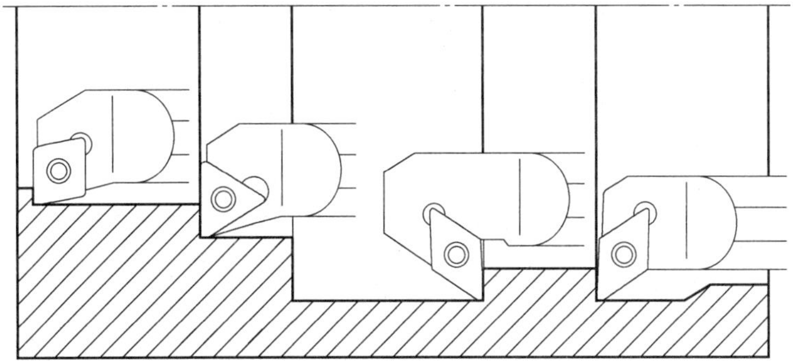

图 5-3　夹固式车刀

3）内孔车刀的刀杆。

根据加工内孔大小不同，内孔车刀的刀杆有圆刀杆和方刀杆，如图 5-4 所示。

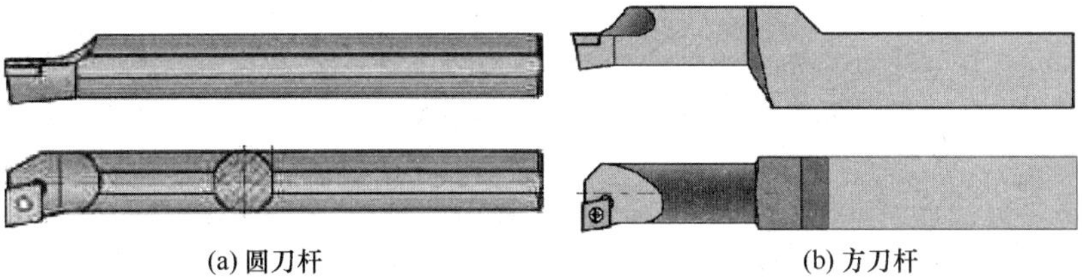

图 5-4　内孔车刀的刀杆

5.1.2.2　轴套类零件内孔的车削方法

车孔是套类零件常用的孔加工方法之一，可用作粗加工，也可用作精加工。

车孔精度一般可达 IT7～IT8，表面粗糙度 $Ra1.6\sim3.2\mu m$。

（1）内孔车刀的安装

1）刀尖应与工件中心等高或稍高。

2）刀杆伸出长度不宜过长，一般比被加工孔长 5～6mm。

3）刀杆基本平行于工件轴线，否则在车削刀一定深度时，刀杆后半部分容易碰到工件孔口。

4）盲孔车刀安装时，内偏刀的主刀刃应与孔底平面成3°～5°角，并且在车平面时要求横向有足够的退刀余地。盲孔车刀安装位置如图5-5所示。

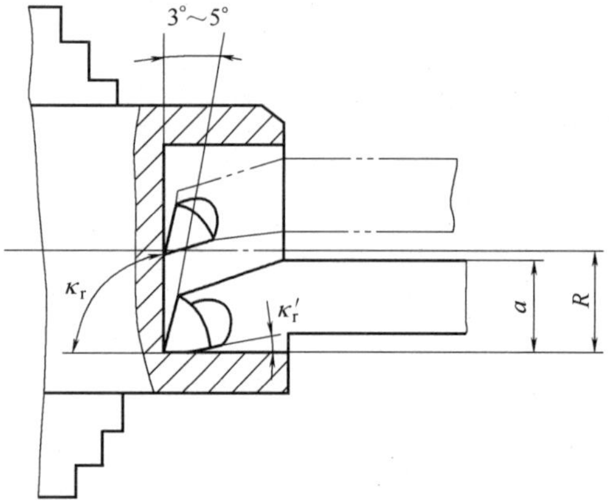

图5-5 盲孔加工车刀的安装位置

（2）内孔车削的关键技术

内孔车削的关键技术是解决内孔车刀的刚性和排屑问题。

1）增加内孔车刀的刚性。尽量增加刀柄的截面积，通常车刀的刀尖位于刀杆的上面，这样刀杆的截面积较小，还不到孔截面积的1/4，若使内孔车刀的刀尖位于刀杆的中心线上，那么刀杆在孔中的截面积可大大增加。

尽可能缩短刀杆伸出长度，以增加车刀刀杆刚性，减小切削过程中的振动。内孔切削示意图如图5-6所示。

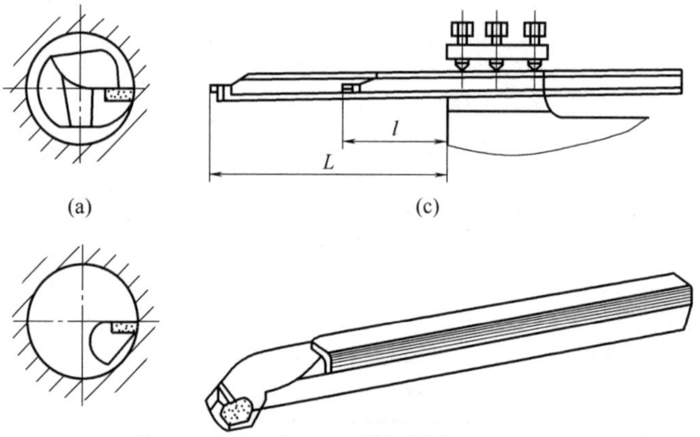

图5-6 内孔切削示意图

2）解决排屑问题。主要是控制切屑流出方向，精车孔时要求切屑流向待加工表面（前排屑）。为此，采用正刃倾角的内孔车刀。加工盲孔时，应采用负的刃倾角，使切屑从孔口排出。

（3）套筒类零件加工中的主要工艺问题

一般套筒类零件在机械加工中的主要工艺问题如下：

1）保证内外圆的相互位置精度（即保证内、外圆表面的同轴度以及轴线与端面的垂直度要求）。

2）防止变形。

（4）保证相互位置精度

要保证内外圆表面间的同轴度以及轴线与端面的垂直度要求，通常可采用下列三种工艺方案：

1）在一次安装中加工内外圆表面与端面。这种工艺方案由于消除了安装误差对加工精度的影响，因而能保证较高的相互位置精度。在这种情况下，影响零件内外圆表面间的同轴度和孔轴线与端面的垂直度的主要因素是车床精度。该工艺方案一般用于零件结构允许在一次安装中加工出全部有位置精度要求的表面的场合。

如图 5-1 所示，用棒料毛坯加工该衬套的工艺过程为：

① 加工端面、粗加工外圆表面、粗加工孔；

② 精加工外圆、精加工孔、倒角、切断；

③ 加工另一端、倒角外圆表面。

2）全部加工分在几次安装中进行，先加工孔，然后以孔为定位基准加工外圆表面。用这种方法加工套筒，由于孔精加工采用拉孔、滚压孔等工艺方案，生产效率高，同时可以解决镗孔和磨孔时因镗杆、砂轮杆刚性差而引起的加工误差。

当以孔为基准加工套筒的外圆时，常用刚度较好的小锥度心轴安装工件。小锥度心轴结构简单，易于制造，心轴用两顶尖安装，其安装误差很小，因此可获得较高的位置精度。

3）全部加工分在几次安装中进行，先加工外圆，然后以外圆表面为定位基准加工内孔。这种工艺方案如用一般三爪自定心卡盘夹紧工件，则因卡盘的偏心误差较大会降低工件的同轴度，故需采用定心精度较高的夹具，以保证工件获得较高的同轴度。较长的套筒一般多采用这种加工方案。

（5）零件检测

内孔零件的孔径检测常用量具有游标卡尺、内径千分尺、内径百分表等，孔深的检测常用量具有游标卡尺、深度千分尺等。

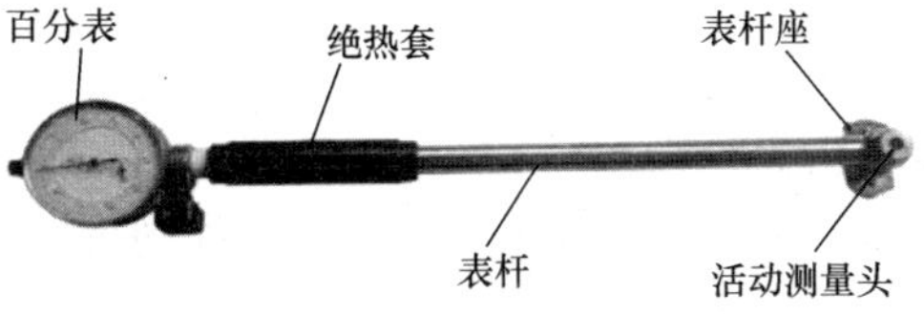

图 5-7　内径百分表

内孔孔径的检测：

1）内径百分表如图 5-7 所示。

2）内径千分尺。用内径千分尺可以测量孔径。内径千分尺外形如图 5-8（a）所示，由测微头和各种尺寸的接长杆组成，其测量范围为 50～1500mm，分度值为 0.01mm。每根接杆上都注有公称尺寸和编号，可按需要选用。内径千分尺结构及使用方法如图 5-8（b）所示。

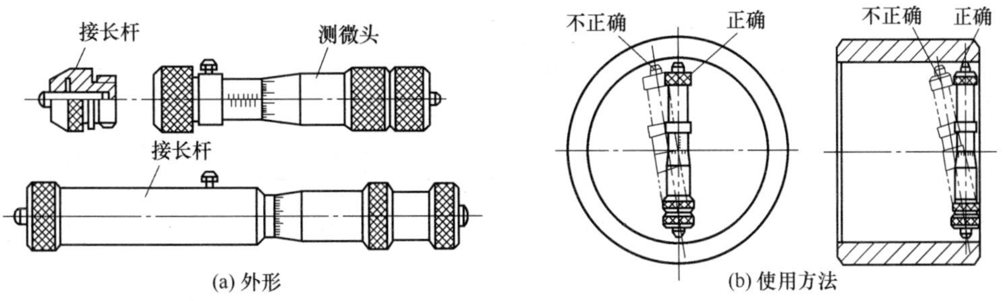

图 5-8　内径千分尺结构及使用方法

5.1.3 恒定切削速度功能指令

恒定切削速度功能指令为G96和G97。

（1）指令代码含义

G96：恒线速度控制。

G97：恒转速控制。

（2）指令功能

使用恒线速度切削功能指令，可以使刀具切削点切削线速度始终为常数（主轴转速×直径＝常数）。如图5-9所示，切削速度不随刀具位置而发生变化，切削时工件直径发生变化，主轴转速亦随之变化，保证各点切削速度恒定。

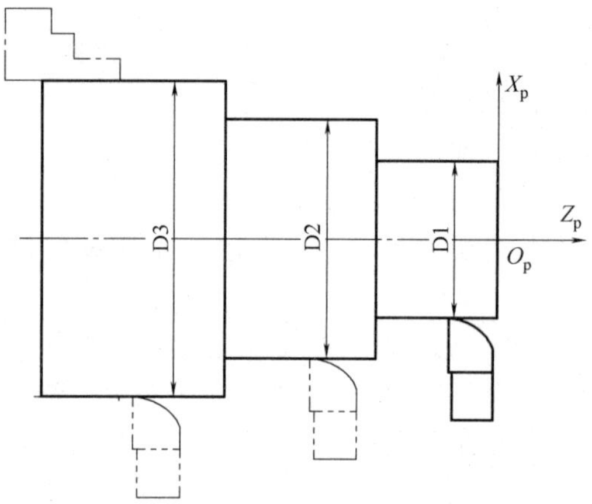

图5-9 恒线速度切削示意图

（3）指令格式

G96 S__；恒线速度控制，S表示切削线速度（m/min）。

G50 S__；主轴转速上限，S表示主轴转度（r/min）。

G97 S__；恒转速控制，S表示主轴转速（r/min）。

（4）指令使用说明

1）主轴必须为受控主轴，该指令才能生效。

2）当工件从大直径加工到小直径时，主轴转速可能提高得非常快，因此使用恒线速度控制G96时，必须设定主轴转速上限。

3）用G00指令时，主轴转速不改变。

4）取消恒线速度控制后，S地址下数值生效，单位为r/min。如果没有重新写地址S，则主轴以原先的G96功能生效前的转速旋转。

（5）编程示例（表5-1）

表5-1 FANUC系统恒定切削速度功能指令编程示例

程序段号	程序内容	动作说明
N10	M3 S500 G97	恒转速控制，主轴正转，转速500r/min
N20	T0101	换T01号刀
N30	G00 X10 Z2	刀具移至进刀点
N40	G50 S2000	设定主轴最高转速为2000r/min
N50	G96 S150	设定恒线速度，150 m/min
N60	G01 Z−15 F0.2	车外圆
N70	X18 Z−20	
N80	Z−25	

续表

程序段号	程序内容	动作说明
N90	X24	
N100	Z－30	
N110	G97 S600	取消恒线速，主轴转速 500r/min
N120	…	

【任务实施】

5.1.4　轴套零件加工实例

（1）加工工艺分析

1）工、量、刃具选择。

① 工具选择。圆钢毛坯装夹在三爪自定心卡盘上，用划线盘校正，其他工具见表5-2。

② 量具选择。外圆尺寸精度要求不高，用游标卡尺测量；内孔精度较高，用内径千分尺测量；内孔深度用深度千分尺测量；内锥面用游标万能角度尺测量；表面粗糙度用粗糙度样板比对。

③ 刀具选择。加工材料为 Q235，外圆加工选用 90°硬质合金外圆车刀，置于 T01 刀位；内孔车削选用硬质合金内孔车刀（不通孔车刀），置于 T02 刀位。工、量、刃具选择如表 5-2 所示。

表 5-2　　套类零件加工工、量、刃具选择

工、量、刃具清单				图号		
种类	序号	名称	规格	精度	单位	数量
工具	1	三爪自定心卡盘			个	1
	2	卡盘扳手			副	1
	3	刀架扳手			副	1
	4	垫刀片			块	若干
	5	划线盘			个	1
	6	钻夹头			个	1
	7	磁性表座			个	1
量具	1	游标卡尺	0～150mm	0.02mm	把	1
	2	内径千分尺	0～25mm	0.01mm	把	1
	3	游标万能角度尺	0～320°	2′	把	1
	4	表面粗糙度样板			套	1
	5	深度千分尺	0～200mm	0.01mm	把	1
	6	内径百分表	0～10mm	0.01mm	只	1

续表

工、量、刃具清单				图号		
种类	序号	名称	规格	精度	单位	数量
工具	1	外圆车刀	90°		把	1
	2	内孔粗车刀	93°		把	1
	3	内孔精车刀	93°		把	1
	4	中心钻	A3		个	1
	5	麻花钻	ϕ14mm		个	1

2）加工工艺路线。本零件需加工端面、外圆、内孔，加工时还须调头装夹。先加工右端面、ϕ30mm 外圆及内轮廓表面；然后调头加工左侧端面及 ϕ34mm 外圆。外圆精度要求不高，可不分粗、精车；内轮廓分粗、精加工完成。

3）合理选择切削用量。加工材料为 Q235，硬度不高，切削力不大，切削用量选择如表 5-3 所示。

表 5-3　　套类零件加工工艺

工步号	工步内容	刀具号	切削用量		
			背吃刀量 a_p /(mm)	进给速度 f /(mm/r)	主轴转速 n /(r/min)
1	夹持毛坯外圆，车右端面	T01	1～2	0.2	600
2	车 ϕ30mm 外圆	T01	1～2	0.2	600
3	手动钻中心孔	T04	1.5	0.1	800
4	手动钻 ϕ14mm 中心孔	T05	7	0.08	400
5	粗车 $\phi16^{+0.07}_{0}$mm、$\phi18^{+0.084}_{0}$mm 等内轮廓，留 0.4mm 精加工余量	T02	1～2	0.15	600
6	精车 $\phi16^{+0.07}_{0}$mm、$\phi18^{+0.084}_{0}$mm 等内轮廓至尺寸	T03	0.2	0.1	800
7	调头装夹 ϕ30mm 外圆，车左端面，控制工件总长为(40±0.1)mm	T01	1～2	0.15	600
8	车外圆 ϕ34mm 至尺寸要求	T01	1～2	0.2	600

（2）编制参考加工程序

1）建立工件坐标系。加工右侧表面时，工件原点设在右端面与主轴轴线的交点上，如图 5-1 所示。加工左侧表面时，工件原点设在左端面与主轴轴线的交点上。这里零件左侧面的加工程序略。

2）计算基点坐标。基点坐标按各点极限尺寸平均值为准作为编程尺寸。具体坐标见表 5-4。

3）参考程序见表 5-5。FANUC 系统程序名为“O9402”。

（3）仿真操作

先在仿真软件上加工，所用毛坯为 ϕ35/ϕ14 的钢管。步骤如下：

表 5-4 基点坐标

基点	坐标(X,Z)	基点	坐标(X,Z)
P1	(24,0)	P7	(16.035,−28.125)
P2	(18.042,−20.075)	P8	(16.035,−40)
P3	(18.042,−28.125)		

表 5-5 套类零件加工参考程序

程序段号	程序内容	动作说明
N05	G97 G99 M03 S600 G21	设置初始状态
N10	T0101	选择 T01 外圆车刀
N20	G00 X0 Z5	刀具移至进刀点
N30	G01 Z0 F0.2	刀具加工至工件原点
N40	X32	车右端面
N50	Z−25	粗车 ϕ30 外圆
N60	X36	刀具沿 X 方向退出
N70	G00 Z2	刀具沿 Z 方向退出
N80	X30	刀具沿 X 方向进刀
N90	G01 Z−25 F0.1	车 ϕ30 外圆至尺寸
N100	X36	刀具沿 X 方向退出
N110	G00 X100 Z100	刀具沿 Z 方向退出
N120	M00	程序停,手动钻中心孔,钻孔
N130	T0404	换内孔粗车刀 T04
N135	G50 S1500	设定主轴最高转速为 1500r/min,恒线速度控制,切削线速度为 100m/min
N140	G96 S100	
N150	G00 X12 Z5	刀具移至循环起点
N160	G71 U2 R1	设置循环参数,调粗加工循环
N170	G71 P180 Q240 U−0.4 W0.2	
N180	G00 X24 F0.1	精加工内轮廓程序段
N190	G01 Z0	
N200	X18.042 Z−20.075	
N210	Z−28.125	
N220	X16.035	
N230	Z−42	
N240	X14	
N250	G00 X100 Z100	刀具退回至换刀点
N260	M00 M05	主轴停,程序停,测量
N270	T0303	换内孔精车刀
N275	G50 S2000	设定主轴最高转速为 2000r/min,恒线速度控制,切削线速度为 120m/min

续表

程序段号	程序内容	动作说明
N280	G96 S120	设定主轴最高转速为2000r/min，恒线速度控制，切削线速度为120m/min
N290	G00 X12 Z5	刀具移至循环起点
N300	G70 P180 Q240	调用精加工循环，精加工内轮廓
N310	G00 G97 X100 Z100	恒转速
N320	M05 M30	主轴停，程序结束

1）打开仿真软件，选择车床和系统。

2）开机、手动、回参考点。

3）设置毛坯、装夹工件。

4）选择安装刀具。

5）新建或调入程序。

6）对刀。

7）程序校验。

8）自动加工。

（4）加工准备

1）检查坯料尺寸。

2）开机、回参考点。

3）装夹刀具。将外圆车刀T01、内孔粗车刀T02、内孔精车刀T03分别装在刀架的1、2、3号刀位，并按要求夹紧。

4）装夹工件。将棒料装夹在三爪自定心卡盘上，伸出55mm，找正并夹紧，调头装夹用百分表校正。

5）程序输入。把已经仿真的程序通过数控车床MDI键盘输入数控车床，或拷贝到计算机后再调出。

（5）对刀

内孔精车刀采用试切法（车端面、车内孔）进行对刀，并把操作得到的数据输入T03号刀具补偿中；外圆粗车刀和内孔粗车刀对刀时，分别将刀位点移至工件右端面和外圆（或内孔）处进行对刀操作，并把操作得到的数据输入T01、T02号刀具补偿中。

（6）空运行及仿真

打开程序，选择MEM（自动）工作方式，打开车床锁住开关，按空运行键，再按循环启动键，观察程序运行情况；若按图形显示键再按循环启动键，可进行轨迹仿真，观察加工轨迹。空运行结束后，使空运行及车床锁住功能复位，车床重新回参考点。

（7）零件自动加工及尺寸控制

1）零件自动加工。打开程序，选择MEM（自动）工作方式，调好进给倍率，按循环启动键，进行自动加工。

2）零件加工过程中尺寸控制。对于内孔尺寸仍然采用试切和试测方法保证尺寸精度。具体做法：当程序运行到N260程序段时，停车测量精加工余量。根据精加工余量设置内孔精车刀 T03 的磨损量，避免因对刀不精确而使精加工余量不足出现缺陷。然后运行精加工程序，程序运行结束后，停车测量；根据测量结果修调内孔精车刀 T03 的磨损值，再次运行精加工程序，直到达到尺寸要求为止。

内轮廓长度尺寸控制同外轮廓长度控制方法，通过修调刀具长度方向磨损值进行控制。

（8）零件检测与评分

零件加工结束后进行检测。检测结果写在表 5-6 中。

表 5-6　　套类零件加工评分表

班级			姓名		学号	
课题		内轮廓综合加工		零件编号		
基本检查		序号	检 测 内 容	配分	学生自评	教师评分
基本检查	编程	1	切削加工工艺制定正确	5		
基本检查	编程	2	切削用量选择合理	5		
基本检查	编程	3	程序正确、简单、规范	5		
基本检查	操作	4	设备操作、维护保养正确	5		
基本检查	操作	5	安全文明生产	5		
基本检查	操作	6	刀具选择、安装正确、规范	5		
基本检查	操作	7	工件找正、安装正确、规范	5		
工作态度		8	行为规范、纪律表现良好	5		
外圆		9	$\phi 34$mm	5		
外圆		10	$\phi 30$mm	5		
内孔		11	$\phi 18^{+0.084}_{0}$ mm	10		
内孔		12	$\phi 16^{+0.07}_{0}$ mm	10		
长度		13	(40 ± 0.1)mm	5		
长度		14	25 mm	4		
长度		15	$20^{+0.15}_{0}$ mm	6		
长度		16	$8^{+0.1}_{0}$ mm	6		
锥度		17	3∶10	6		
其余		18		3		
综合得分				100		

（9）加工结束，清理车床

【任务作业】

1. 车内轮廓毛坯外圆循环参数如何选择？
2. 编写如图 5-10 所示零件的加工程序并练习。毛坯材料为 Q235。

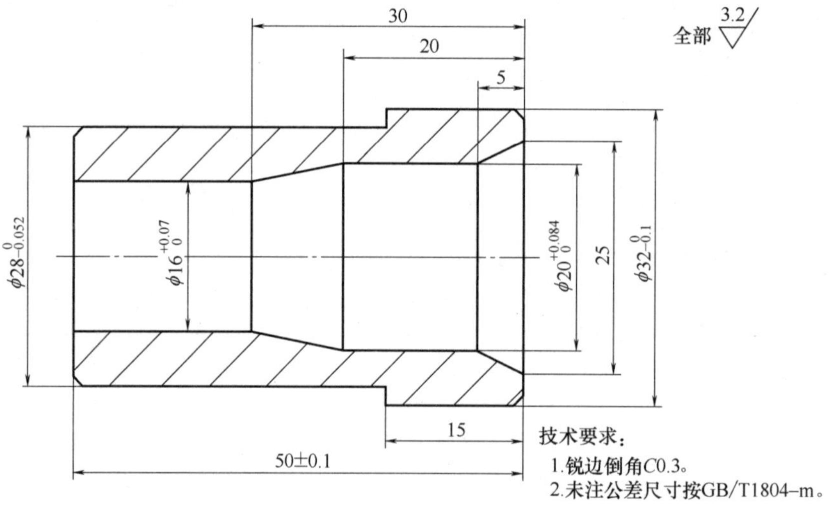

图 5-10　练习零件图

任务 5.2　孔轴配合件的加工

【任务目标】

【知识目标】

1）掌握孔、轴配合件加工特点及方法。

2）掌握内孔加工方法及常用指令。

3）掌握锥面配合的应用知识。

【能力目标】

1）能正确完成装配图、零件图样分析。

2）能进行组合件的加工步骤分析，提高复杂零件工艺分析的能力。

3）能合理选择刀具并确定切削参数。

4）能正确选用、使用通用工艺装备。

【知识链接】

5.2.1　配合件图样分析

（1）零件图样

本项目主要介绍的数控车削加工配合件模型是圆锥轴套配合件类零件，如图 5-10、图 5-11、图 5-12 所示。

（2）工作条件

生产纲领：单件；材料为 Q235A；毛坯尺寸为 ϕ55mm×166mm、ϕ65mm×111mm；选用车床为 FANUC 0i 系统 CK6140 型数控车床；时间定额：编程时间 90min，实操时间 240min。

（3）工作要求

工件经加工后，各尺寸、配合件要求、表面粗糙度均符合图样要求；正确执行安全技术操作规程；按企业有关文明生产规定，做到工作地整洁，工件、工具摆放整齐。

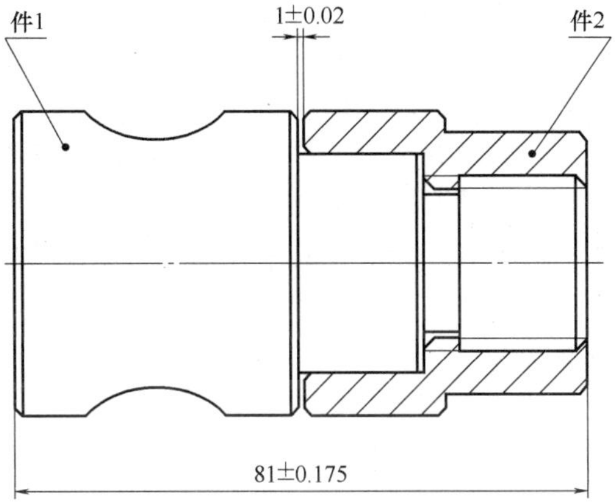

图 5-11　配合件装配图

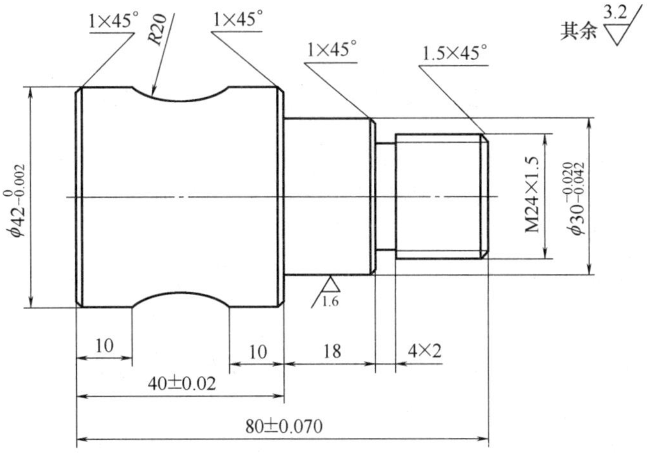

图 5-12　配合件零件图一

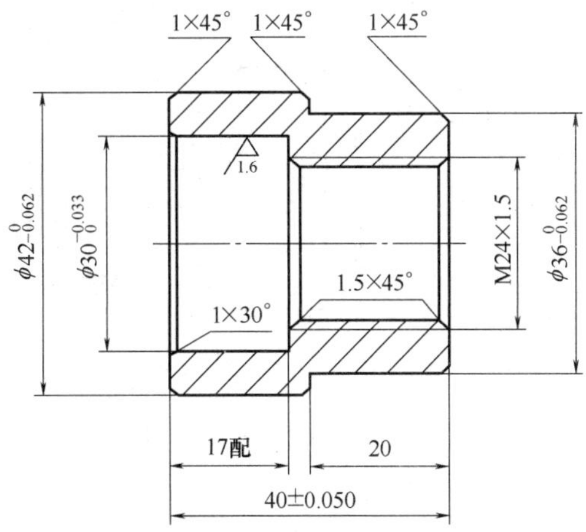

图 5-13　配合件零件图二

【任务实施】

5.2.2 工艺分析

(1) 结构分析

本例工件是一个两件组合件，属典型的轴套配合零件加工。零件形状轨迹虽然并不复杂，但是为了保证相互配合，必须有严格的尺寸要求，所以加工难度较大。在加工中应该注意配合工件的先后顺序，通常情况下应先加工较小的零件，再加工较大的零件，以便在加工过程中及时试配。在本例中，可先加工套，并以套为基准来加工轴，必须保证轴套零件的尺寸精度和几何精度。

材料为 Q235A，加工性能好。

(2) 精度分析

1) 圆锥芯轴套。在数控车削加工中，零件重要的径向加工部位有：$\phi 60$ 圆柱段、$\phi 50$ 圆锥孔、$\phi 44$ 圆柱孔、$\phi 30$ 圆柱段、$\phi 25$ 圆柱段，零件其他径向加工部位相对容易加工。

零件重要的轴向加工部位：零件左端 $\phi 50$、$\phi 44$ 圆柱孔的轴向长度为 40mm，$\phi 30$ 圆柱段的轴向长度为 35mm，零件 $\phi 30$、$\phi 25$ 圆柱段的轴向长度全长为 55mm。

由上述尺寸可以确定零件的轴向尺寸应该以零件 $\phi 60$ 圆柱段右端面为准。

2) 圆锥心轴。数控车削加工中，零件重要的径向加工部位有 $\phi 25$ 圆柱段、$\phi 40$ 圆柱段、$\phi 55$ 圆柱段，零件左端与 $\phi 55$ 圆柱段相接的 1∶10 圆锥段表面粗糙度为 $Ra1.6\mu m$；零件其他径向部位相对容易加工。

零件重要的轴向加工部位：零件 $\phi 50$ 圆柱段和 $\phi 50$ 圆柱段相接的 1∶10 圆锥段的轴向长度为 60mm。

由上述尺寸可以确定零件的轴向尺寸应该以零件左端面为准。

(3) 零件装夹方案分析

1) 圆锥心轴（图 5-14）。

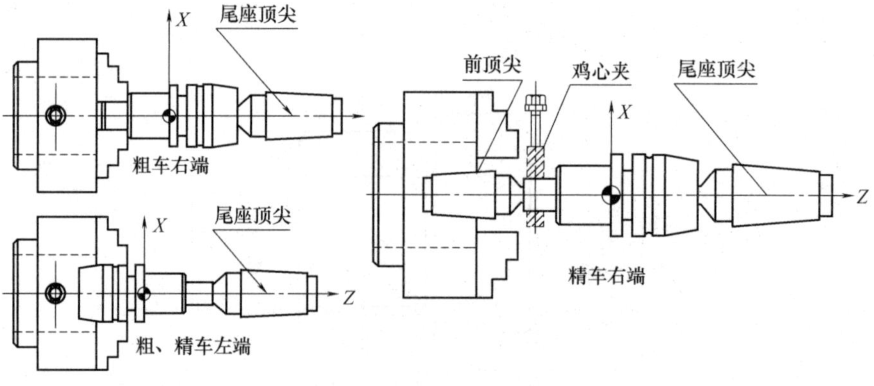

图 5-14 圆锥心轴装夹图

2) 圆锥心轴套（图 5-15）。

(4) 确定工、量、刃具清单（表 5-7）

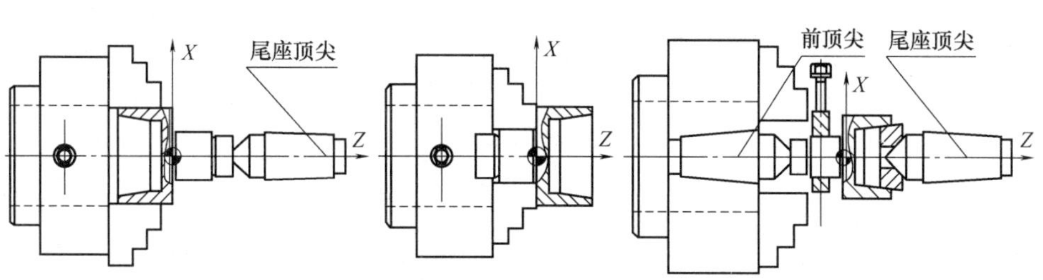

图 5-15　圆锥心轴套装夹图

表 5-7　**配合件工、量、刃具清单**

配合件工、量、刃具清单				图号	SX06-1
序号	名称	规格	精度	数量	应用
1	千分尺	25～50mm	0.01mm	1 把	检测外圆
2	内径百分表	25～50mm	0.01mm	1 只	检测 ϕ28 内孔
3	游标卡尺	0～150mm	0.02mm	1 把	检测毛坯和长度尺寸
4	硬质合金偏刀	r=0.4mm		1 把	粗车零件外轮廓
5	硬质合金偏刀	r=0.2mm		1 把	精车零件外轮廓
6	中心钻	ϕ3A		1 个	钻 ϕ3A 型中心孔
7	ϕ18 麻花钻			1 个	钻 ϕ18 孔
8	不通孔硬质合金镗孔车刀	r=0.4mm		1 把	粗、精镗孔
9	硬质合金切槽刀			1 把	切断
10	车工常用附具			1 套	完成工件、刀具装夹
11	材料	45 钢 ϕ45×85 ϕ45×45		2 根	毛坯
12	数控车床	CK6140(FANUC 0i)		1 台	

（5）工序卡（表 5-8、表 5-9）

表 5-8　**配合件轴数控加工工艺表**

序号	加工内容	车刀参数			切削用量			加工程序
		刀具号	刀尖半径	刀尖方位	主轴转速 n /(r/min)	进给速度 f /(mm/r)	背吃刀量 a_p/mm	
1	平端面	T01	0.8	T3	600	0.15	1.0	手动
2	粗车右端外轮廓留余量 1mm	T01	0.8	T3	600	0.25	1.5	自动 O010
3	精车右端各表面至尺寸要求	T02	0.2	T3	800	0.15	0.5	自动 O010
4	切槽 4×2 至尺寸要求	T03	0.8	T3	450	0.05		自动 O010
5	粗、精加工螺纹	T04			400	1.5		自动 O010

续表

序号	加工内容	车刀参数			切削用量			加工程序
		刀具号	刀尖半径	刀尖方位	主轴转速 n /(r/min)	进给速度 f /(mm/r)	背吃刀量 a_p/mm	
6	调头，平端面保总长	T01	0.8		600	0.15	2.0	手动
7	粗车左端外轮廓留余量1mm	T01	0.8	T3	600	0.25	1.5	自动(O8012)
8	精车左端各表面至尺寸要求	T02	0.2	T3	800	0.15	0.5	自动 O011
9	粗车左端外轮廓R20留余量0.5mm	T01	0.8	T3	600	0.25	1.5	自动 O011
10	精车左端各表面至尺寸要求	T02	0.2	T3	800	0.15	0.5	自动 O011

表 5-9　　配合件套数控加工工艺表

序号	加工内容	车刀参数			切削用量			加工程序
		刀具号	刀尖半径	刀尖方位	主轴转速 n /(r/min)	进给速度 f /(mm/r)	背吃刀量 a_p/mm	
1	平端面	T01	0.8		600	0.15	1.0	手动
2	钻中心孔		0.8		800	0.2		手动
3	钻孔		0.2		400	0.05		手动
4	粗车右端外轮廓留余量0.5mm	T01	0.8	T3	600	0.25	1.5	自动 O012
5	精车右端各表面至尺寸要求	T02		T3	800	0.15	0.5	自动 O012
6	镗右端孔得倒角	T03	0.4	T2	600	0.15	1.0	自动 O012
7	调头，平端面保总长	T01	0.8	T3	600	0.15	1.0	手动
8	粗车左端外轮廓留余量0.5mm	T01	0.2	T3	600	0.25	1.5	自动 O013
9	精车左端各表面至尺寸要求	T02	0.8	T3	800	0.15	0.5	自动 O013
10	粗镗内轮廓留余量0.5mm	T02	0.4	T2	600	0.25	1.5	自动 O013
11	精镗内轮廓各表面至尺寸要求	T02	0.4	T2	800	0.15	0.5	自动 O013
12	粗、精加工螺纹	T04			400	1.5		自动 O013

5.2.3 程序编制

（1）建立工件坐标系（图 5-16、图 5-17）

（2）基点与节点计算

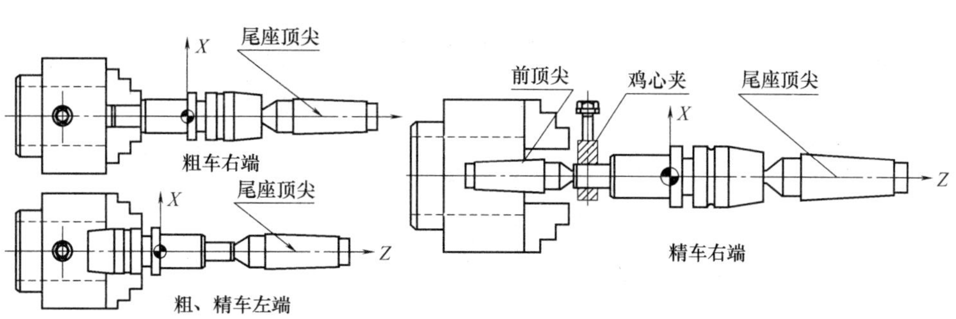

图 5-16 圆锥心轴工件坐标系的建立图

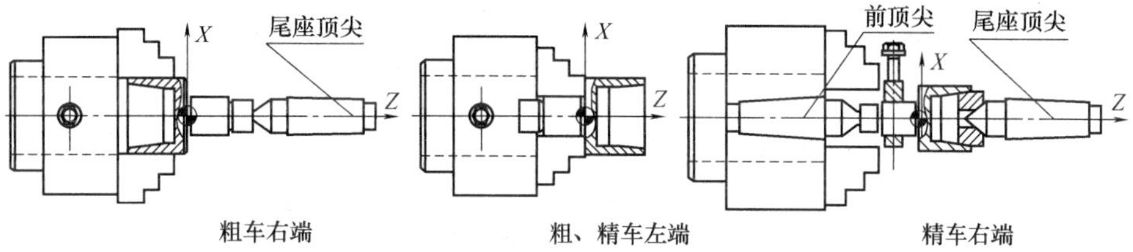

图 5-17 圆锥心轴套工件坐标系的建立图

1）带有极限偏差的尺寸，要换算为中值尺寸进行编程。

2）锥度的有关基点坐标值，如大端尺寸、小端尺寸及长度需换算后编程。

（3）程序编制

编程并填写加工程序单，见表 5-10～表 5-13。

表 5-10　　配合件轴右端数控加工参考程序单

程序号：O010

段号	程序内容	说明
N10	G40 G97 G99 M03 S600 F0.25	主轴正转 600r/min，进给量 0.25mm/r
N20	T0101	换刀 T0101
N30	M08	切削液开
N40	G00 X45.0 Z2.0	快速进刀至循环起点
N50	G71 U1.5 R0.5	粗车循环，切削深度 1.5mm，退刀量 0.5mm
N60	G71 P70 Q190 U0.5 W0.05	精车路线为 N70～N190，*X* 向精车余量 0.5mm，*Z* 向精车余量 0.05mm
N70	G00 X0	快速进刀
N80	G01 G42 Z0	刀具右补偿，精加工轮廓起点
N90	X21.0	平端面至螺纹倒角起点
N100	X23.8 Z−1.5	车螺纹倒角
N110	Z−22.0	车螺纹牙顶圆外圆柱
N120	X27.97	车阶台
N130	X29.97 Z−23.5	车倒角
N140	Z−40.0	车外圆
N150	X39.969	车阶台

续表

程序号:O010		
段号	程序内容	说明
N160	X41.969 Z−41.0	车倒角
N170	Z−53.0	车外圆
N180	X45.0	车阶台
N190	G01 G40 X46.0	取消刀补
N200	G00 X200.0 Z2.0	快速退刀至换刀点
N210	M09	切削液停
N220	M05	主轴停
N230	T0202	换刀 T0202
N240	M03 S800 F0.12	主轴正转 800r/min,进给量 0.12mm/r
N250	M08	切削液开
N260	G00 X45.0 Z2.0	快速进刀至循环起点
N270	G70 P70 Q190	精车循环
N280	G00 X200.0 Z2.0	快速退刀至换刀点
N290	M09	切削液停
N300	M05	主轴停
N310	T0303	换刀 T0303
N320	M03 S450 F0.05	主轴正转 450r/min,进给量 0.05mm/r
N330	M08	切削液开
N340	G00 X31.0 Z−22.0	快速进刀
N350	X23.9	切槽起点
N360	G01 X20.0	切槽
N370	G04 X1.0	暂停 1s
N380	G00 X200.0	*X* 向快速退刀
N390	G00 Z2.0	快速退刀至换刀点
N400	M09	切削液停
N410	M05	主轴停
N420	T0404	换刀 T0404
N430	M03 S400	主轴正转 400r/min
N440	M08	切削液开
N450	G00 X28.0 Z5.0	快速进刀至螺纹循环起点
N460	G92 X23.2 Z−20.0 F1.5	螺纹车削循环第一刀切深 0.8mm,螺距为 1.5mm
N470	X22.6	螺纹车削循环第二刀切深 0.6mm
N480	X22.2	螺纹车削循环第三刀切深 0.4mm
N490	X20.05	螺纹车削循环第四刀切深 0.15mm
N500	X20.05	螺纹车削循环第五刀光一刀
N510	G00 X200.0 Z100.0	快速退刀
N520	M30	程序结束

表 5-11　　配合件轴左端数控加工参考程序单

程序号:O011

段号	程序内容	说明
N10	G40 G97 G99 M03 S600 F0.25	主轴正转 600r/min,进给量 0.25mm/r
N20	T0101	换刀 T0101
N30	M08	切削液开
N40	G00 X45.0 Z2.0	快速进刀至循环起点
N50	G71 U1.5 R0.5	粗车循环,切削深度 1.5mm,退刀量 0.5mm
N60	G71 P70 Q130 U0.5 W0.05	精车路线为 N70～N130,X 向精车余量 0.5mm,Z 向精车余量 0.05mm
N70	G00 X0	快速进刀
N80	G01 G42 Z0	刀具右补偿,精加工轮廓起点
N90	X39.969	倒角起点
N100	X41.969　Z－1.0	车倒角
N110	Z－29.0	车外圆
N120	X42.0	X 向退刀
N130	G01 G40 X45.0	取消刀补
N140	G00 X200.0 Z2.0	快速退刀至换刀点
N150	M09	切削液停
N160	M05	主轴停
N170	T0202	换刀 T0202
N180	M03 S800 F0.12	主轴正转 800r/min,进给量 0.12mm/r
N190	M08	切削液开
N200	G00 X45.0 Z2.0	快速进刀至循环起点
N210	G70 P70 Q130	精车循环
N220	G00 X200.0 Z2.0	快速退刀至换刀点
N230	M09	切削液停
N240	M05	主轴停
N250	T00404	换刀 T0404
N260	M03 S600 F0.12	主轴正转 600r/min,进给量 0.12mm/r
N270	M08	切削液开
N280	G00 X45.0 Z－10.0	快速进刀至圆弧加工循环起点
N290	G73 U2.68 W0 R4.0	固定形状车削循环,X 轴的退刀量 2.68mm,Z 轴的退刀量 0,粗车分 4 刀;循环 300～310,精车余量:X 轴 1mm,Z 轴 0.05mm;
N300	G73 P300 Q310 U1.0 W0.05	
N310	G01 G42 X42.0	精车循环起点
N320	G02 X42.0 Z－30.0 R20.0 F0.12	车 $R15$ 圆弧
N330	G00 X45.0 Z－10.0	外圆精车加工循环起点
N340	G70 P2300 Q310	外圆精车循环 300～310
N350	G00 X200.0 Z100.0	快速退刀
N360	M30	程序结束

表 5-12　　配合件套右端数控加工参考程序单

程序号:O012

段号	程序内容	说明
N10	G40 G97 G99 M03 S600 F0.25	主轴正转 600r/min,进给量 0.25mm/r
N20	T0101	换刀 T0101
N30	M08	切削液开
N40	G00 X45.0 Z2.0	快速进刀至循环起点
N50	G71 U1.5 R0.5	粗车循环,切削深度 1.5mm,退刀量 0.5mm
N60	G71 P70 Q150 U0.5 W0.05	精车路线为 N70～N150,*X* 向精车余量 0.5mm,*Z* 向精车余量 0.05mm
N70	G00 X0	快速进刀
N80	G01 G42 Z0	刀具右补偿,精加工轮廓起点
N90	X33.969	倒角起点
N100	X35.969 Z−1.0	车倒角
N110	Z−20.0	车外圆
N120	X39.969	车阶台
N130	X41.969 Z−21.0	车倒角
N140	X45.0	*X* 向退刀
N150	G01 G40 X46.0	取消刀补
N160	G00 X200.0 Z2.0	快速退刀至换刀点
N170	M09	切削液停
N180	M05	主轴停
N190	T0202	换刀 T0202
N200	M03 S800 F0.12	主轴正转 800r/min,进给量 0.12mm/r
N210	M08	切削液开
N220	G00 X45.0 Z2.0	快速进刀至循环起点
N230	G70 P70 Q150	精车循环
N240	G00 X200.0 Z2.0	快速退刀至换刀点
N250	M09	切削液停
N260	M05	主轴停
N270	T0303	换刀 T0303
N280	M03 S600 F0.25	主轴正转 600r/min,进给量 0.25mm/r
N290	M08	切削液开
N300	G00 X20.0 Z2.0	快速进刀
N310	G01 G41 X0	左刀补,内孔倒角第一刀的起点
N320	X18.0 Z−1.0	内孔倒角第一刀
N330	G00 Z2.0	*Z* 向快速退刀
N340	X22.0	*X* 向快速进刀
N350	G01 Z0	内孔倒角第二刀的起点
N360	X18.0 Z−2.0	内孔倒角第二刀
N370	G00 Z2.0	*Z* 向快速退刀
N380	X23.0	*X* 向快速进刀
N390	G01 Z0	内孔倒角第三刀的起点
N400	X18.0 Z−2.5	内孔倒角第三刀
N410	G00 Z100.0	*Z* 向快速退刀
N420	X200.0	*X* 向快速退至换刀点
N430	M30	程序结束

表 5-13 配合件套左端数控加工参考程序单

程序号:O013

段号	程序内容	说明
N10	G40 G97 G99 M03 S600 F0.25	主轴正转 600r/min,进给量 0.25mm/r
N20	T0101	换刀 T0101
N30	M08	切削液开
N40	G00 X45.0 Z2.0	快速进刀至循环起点
N50	G71 U1.5 R0.5	粗车循环,切削深度 1.5mm,退刀量 0.5mm
N60	G71 P70 Q130 U0.5 W0.05	精车路线为 N70～N130,*X* 向精车余量 0.5mm,*Z* 向精车余量 0.05mm
N70	G00 X0	快速进刀
N80	G01 G42 Z0	刀具右补偿,精加工轮廓起点
N90	X39.969	倒角起点
N100	X41.969 Z−1.0	车倒角
N110	Z−20.0	车外圆
N120	X45.0	*X* 向退刀
N130	G01 G40 X46.0	取消刀补
N140	G00 X200.0 Z2.0	快速退刀至换刀点
N150	M09	切削液停
N160	M05	主轴停
N170	T0202	换刀 T0202
N180	M03 S800 F0.12	主轴正转 800r/min,进给量 0.12mm/r
N190	M08	切削液开
N200	G00 X45.0 Z2.0	快速进刀至循环起点
N210	G70 P70 Q140	精车循环
N220	G00 X200.0 Z2.0	快速退刀至换刀点
N230	M09	切削液停
N240	M05	主轴停
N250	T0303	换刀 T0303(镗孔车刀)
N260	M03 S600 F0.25	主轴正转 600r/min,进给量 0.25mm/r
N270	M08	切削液开
N280	G00 X18.0 Z2.0	快速进刀至循环起点
N290	G71 U1.5 R0.5	粗车循环,切削深度 1.5mm,退刀量 0.5mm
N300	G71 P70 Q400 U−0.5 W0.05	精车路线为 N70～N400,*X* 向精车余量 0.5mm,*Z* 向精车余量 0.05mm
N310	G00 X31.171	快速进刀倒角起点
N320	G01 G41 Z0	刀具左补偿,精加工轮廓起点
N330	X30.017 Z−1.0	镗倒角
N340	Z−17.0	镗孔
N350	X25.5	镗内阶台
N360	X22.5 Z−18.5	镗螺纹孔倒角
N370	Z−41.0	镗螺纹底孔

续表

程序号:O013		
段号	程序内容	说明
N380	X20.0	X 向退刀
N390	Z2.0	Z 向退刀
N400	G01 G40 X18.0	取消刀补
N410	G00 X200.0	快速退刀至换刀点
N420	M09	切削液停
N430	M05	主轴停
N440	M03 S800 F0.12	主轴正转 800r/min,进给量 0.12mm/r
N450	M08	切削液开
N460	G00 X18.0 Z2.0	快速进刀至循环起点
N470	G70 P310 Q400	精车循环
N480	G00 Z2.0	
N490	X200.0	快速退刀至换刀点
N500	M09	切削液停
N510	M05	主轴停
N520	T0404	换刀 T0404(内螺纹刀)
N530	M03 S400	主轴正转 400r/min
N540	G00 X16.0 Z−12.0	快速进刀至螺纹循环起点
N550	G92 X22.85 Z−42.0 F1.5	螺纹车削循环第一刀切深 0.8mm,螺距为 1.5mm
N560	X23.45	螺纹车削循环第二刀切深 0.6mm
N570	X23.85	螺纹车削循环第三刀切深 0.4mm
N580	X24.0	螺纹车削循环第四刀切深 0.15mm
N590	X24.0	螺纹车削循环第五刀光一刀
N600	G00 X200.0 Z100.0	快速退刀至换刀点
N610	M30	程序结束

加工操作训练，见实训二。

如图 5-10、图 5-11、图 5-12 所示，根据零件的工艺特点和毛坯 ϕ45mm×85mm、ϕ45mm×45mm 两段尺寸，确定加工方案：

1）采用三爪卡盘装卡，夹零件 1 毛坯伸出卡盘 45mm，车端面，加工零件 1 右端外轮廓至 ϕ42mm×53mm，倒角，切槽 4mm×2mm，车螺纹。设置编程原点在零件右端面的轴线上，加工程序名为 O010。

2）零件 1 调头，包铜皮夹 ϕ30mm 外圆找正，车端面保总长。加工零件 1 左端外轮廓至 ϕ42mm×28mm，加工 *R*20 圆弧。设置编程原点在零件左端面的轴线上，加工程序名为 O011。

3）夹零件 2 毛坯伸出卡盘 25mm，车端面，钻中心孔，钻 ϕ18mm 孔，加工零件 2 右端外轮廓至 ϕ30mm×21mm 处，车孔的倒角。设置编程原点在零件右端面的轴线上，加工程序名为 O012。

4）零件 2 调头，包铜皮夹 ϕ30mm 外圆找正，车端面保总长。加工零件 2 左端 ϕ42mm 外圆，加工零件内轮廓至尺寸要求，车内螺纹。设置编程原点在零件右端面的轴线上，加工程序名为 O013。

注意:

1）二次装夹找正后，不能损伤零件已加工表面。

2）装夹内、外螺纹车刀时，用三角螺纹样板对螺纹刀。

3）加工件 2 内轮廓时，通过 Z 向加磨耗的方法调整“17 配”的尺寸，保证配合尺寸（1±0.02）mm。

4）加工件 2 外轮廓时，调整 48 长度尺寸，保证配合尺寸（81±0.175）mm。

5）加工件 1 和件 2 上的内、外螺纹时，用螺纹环规和螺纹塞规检验，通过加磨耗的方法调整牙深尺寸，保证与外螺纹的连接松紧合适。

任务 5.3　螺纹配合件的加工

【任务目标】

【知识目标】

1）掌握螺纹轴配合件加工特点及方法。

2）掌握内螺纹加工方法及常用指令。

【能力目标】

能完成螺纹配合件的编程及加工。

【知识链接】

5.3.1　任务要求

本任务学习配合件的车削加工方法，需要同学们熟练掌握尺寸精度、形状位置公差和表面粗糙度的控制方法和确保方法，同时练习确保配合精度的方法。

【项目实施】

5.3.2　综合实例

（1）零件图纸（图 5-18～图 5-20）

1）装配图分析。装配图中共有一项装配技术要求，如图 5-18 所示。为满足内、外圆弧配合后的间隙（1±0.05）mm，主要通过以下几点来实现：

① 测量准确，严格控制件 1 和件 2 中 R15mm 圆弧尺寸在公差要求范围内。

② 件 1 和件 2 有几何公差要求，装夹时要精确找正，以保证相互配合的端面与轴线垂直，满足配合后的间隙尺寸（1±0.05）mm。

③ 控制该配合间隙尺寸也可通过修配圆弧面来保证。

④ 内、外螺纹配合精度要好，应严格控制螺纹中径尺寸及螺纹的牙型，螺纹两牙侧

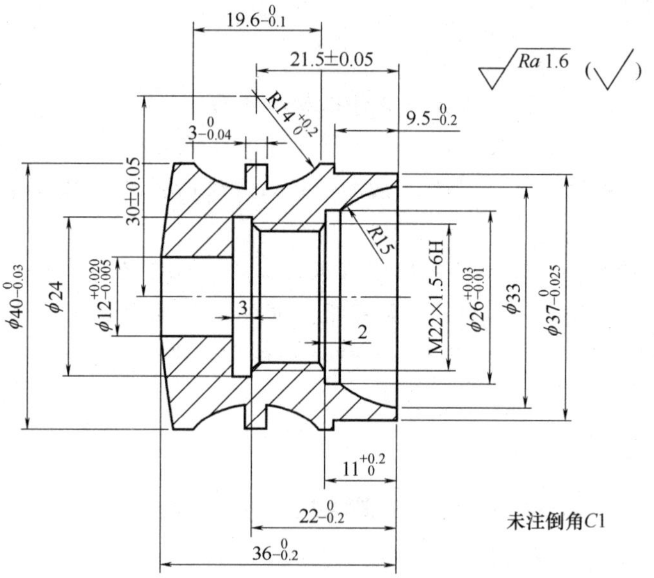

图 5-18　零件 1

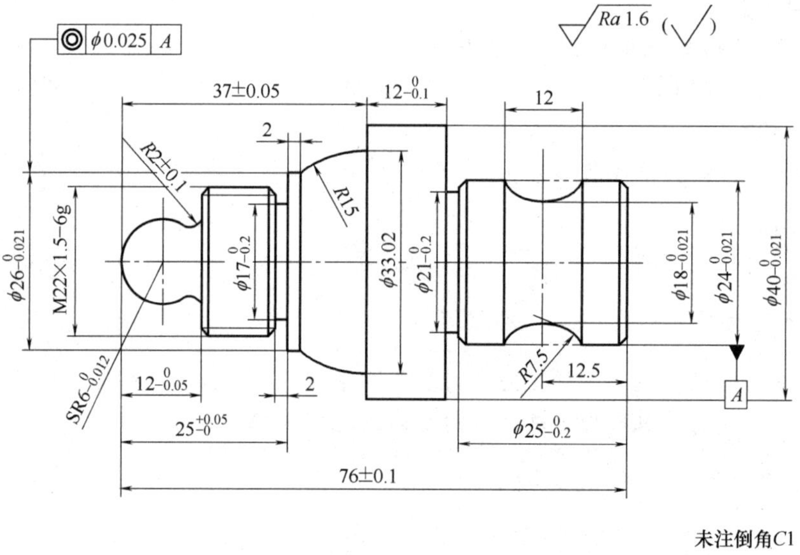

图 5-19　零件 2

表面质量要好。

2）零件图分析。

① 零件 1 图样分析。该零件是一个套类零件，在结构上主要由内外圆柱面、内外圆弧、内螺纹等组成，零件尺寸精度要求较高，圆弧及螺纹面属于配合表面，需保证其形状、尺寸精度要求。

② 零件 2 图样分析。该零件是一个轴类零件，其结构包含圆柱面、圆弧面、外螺纹及凹圆弧面等，结构比较复杂。零件 2 有同轴度要求 0.025mm，装夹时要精确找正。

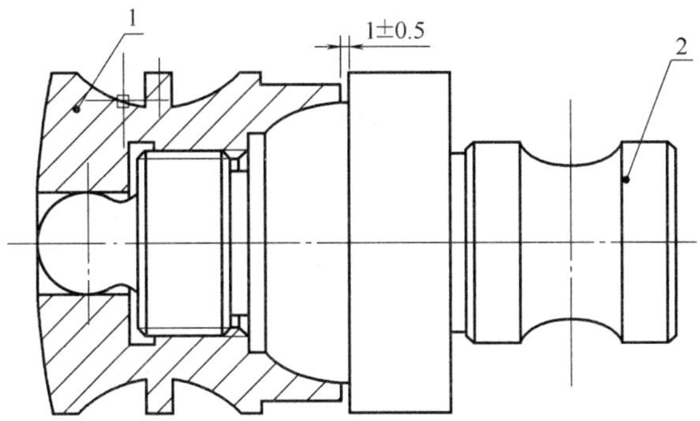

图 5-20　装配图

③ 加工难点和解决方案。内、外圆弧配合后保证（1±0.05）mm 的配合间隙是加工难点，为了保证内、外圆弧配合精度及配合长度，内、外圆弧应配作。在加工过程中，应使用刀尖圆弧半径补偿，刀具的刀尖必须对准工件中心，避免圆弧产生误差。

（2）工艺分析

1）件 1 和件 2 的轮廓有凹圆弧及螺纹，对于这类零件应使用刀尖圆弧半径补偿。编程时使用 G71、G73、G92 循环指令即可。

2）件 1 和件 2 是一个毛坯，加工时，先加工件 1。

加工步骤：先用 G73、G71 和 G92 指令加工件 1 右端外轮廓和内轮廓，然后在件 1 总长处切一个工艺槽，用左偏成型车刀车件 1 左端凹圆弧，再切断件 1，总长留 0.5mm 余量。用 G71 指令加工件 2 右端外轮廓，然后掉头精确找正，用 G73、G92 指令加工件 2 左端外轮廓及外螺纹，然后将件 1 装配在件 2 上进行修配，保证（1±0.05）mm 的配合间隙和加工 R100mm 圆弧。

3）每次装夹加工都将工件坐标系原点设定在其装夹后的工件右端面中心上。工件加工程序换刀点设在（X100.0，Z100.0）的位置上。

（3）切削用量选择

背吃刀量的选择。粗车外轮廓时选用 a_p=2mm，精车外轮廓时选用 a_p=0.5mm；外螺纹车削选用 a_p=0.3mm；粗车内轮廓时选用 a_p=1mm，精车内轮廓时选用 a_p=0.5mm；内螺纹车削选用 a_p=0.3。

主轴转速的选择。选择外轮廓粗加工转速 800r/min，精车外轮廓为 1500r/min。车外螺纹时，主轴转速 n=400r/min。切外槽时，主轴转速 n=400r/min。选择内轮廓粗加工转速 700r/min，精车内轮廓为 1000r/min。车内螺纹时，主轴转速 n=400r/min。车内沟槽时，主轴转速 n=300r/min。

（4）进给速度的选择

根据背吃刀量和主轴转速选择进给速度，分别选择外轮廓粗精车的进给速度为 130mm/min 和 120mm/min；切外槽的进给速度为 30mm/min。内轮廓粗精车的进给速度分别为 100mm/min 和 90mm/min；切内沟槽的进给速度为 20mm/min。

具体工步顺序、工作内容、各工步所用的刀具及切削用量等详见表 5-14、表 5-15。

（5）加工程序（表 5-16～表 5-21）

表 5-14 数控车床工艺卡

数控加工工艺卡		产品编号		KJX08		工序内容	
		零件名称		JX08		圆弧螺纹配合	
工序号		02	工件材料	45 钢	编程日期		
工步	程序号	内容	刀具号	刀具规格	加工参数		
					主轴转速 /(r/min)	进给量 /(mm/min)	背吃刀量 /mm
01	O7002	件 1 右端外轮廓	T0202	35°成型车刀	1000,1200		1.5
02	O7003	件 1 左端凹圆弧	T0303	35°左偏成型车刀	1000,1200		1.5
03	O7004	件 1 右端内轮廓	T0404	55°内孔车刀	800		1
		件 1 内沟槽	T0505	3mm 内切槽刀	600		刀宽
		件 1 内螺纹	T0606	60°内螺纹车刀	800		分层
		手动切断件 1		5mm 切断刀	600		刀宽
04	O7005	件 2 右端外轮廓	T0202	35°成型车刀	1000,1200		1.5
		件 2 右端外沟槽	T0808	2mm 外切槽刀	800		刀宽
05	O7006	件 2 圆弧轮廓	T0707	R1mm 圆弧车刀	600		1
06	O7007	件 2 左端面	T0101	80°端面车刀	1000		1.0
		件 2 左端外轮廓	T0202	35°成型车刀	1000,1200		1.5
		件 2 左端外沟槽	T0808	2mm 外切槽刀	800		刀宽
		件 2 左端外螺纹	T0909	60°外螺纹车刀	800		分层
07	O7008	件 1 左端 *R*100 圆弧	T0101	80°端面车刀	1000		1.5
编制		审核		批准		共 页 第 页	

表 5-15 工、夹、量具选择

序号	名称	规格	分度值	数量	备注
1	游标卡尺	0～150mm	0.02mm	1	
2	游标深度卡尺	0～200mm	0.02mm	1	
3	外径千分尺	0～25,25～50mm	0.01mm	各 1	
4	内径指示表	ϕ10～ϕ18,ϕ18～ϕ35mm	0.01mm	各 1 套	
5	半径样板	*R*1～*R*6.5,*R*7～*R*14.5,*R*15～*R*24.5mm		各 1	
6	螺纹塞规	*M*30×1.5		1 套	
7	螺纹环规	*M*30×1.5		1 套	
8	样板	*R*100 样板		1	
9	钻头	ϕ11mm		1	

表 5-16　　加工件 1 右端外轮廓程序

加工件 1		
工序 1:用自定心卡盘夹持毛坯外圆,伸出卡爪端面约 50mm,车件 1 右端外轮廓,钻孔 ϕ11mm		
程序号	程　序	简要说明
	O7002	程序名
	G21 G98 G40	程序初始化
	T0202 M03 S1000	主轴正转,选择 2 号 35°成型车刀
	G00 X47.0 Z2.0	快速定位至 ϕ47mm 直径,距离端面正向 2mm
	G73 U6.0 W0.1 R4.0	用 G73 复合循环车件 1 右端外轮廓
	G73 P1 Q2 U0.5 W0 F200	
N1	G00 G42 X37.0	件 1 右端外轮廓精加工程序
	G01 Z−9.5 S1200 F150.0	
	X40.0	
	W−2.202	
	G02 X32.161 Z−20.0 R14.0	
	G01 X40.0	
	Z−36.0	
N2	X45.0	
	G70 P1 Q2	G70 精车指令
	G00 G40 X100.0 Z100.0 M05	返回刀具换刀点,停主轴
	M30	程序结束

表 5-17　　加工件 1 左端外轮廓程序

工序 2:手动加工,在件 1 总长处切一个工艺槽,用左偏成型车刀车件 1 左端凹圆弧		
程序号	程　序	简要说明
	O7003	程序名
	G21 G98 G40	程序初始化
	T0303 M03 S1000	主轴正转,选择 3 号 35°左偏成型车刀
	G00 X47.0 Z−36.0	快速定位至 ϕ47mm 直径,距离端面负向 36mm
	G73 U4.0 W0.1 R3.0	用 G73 复合循环车件 1 左端凹圆弧
	G73 P1 Q2 U0.5 W0 F200	
N1	G00 G41 Z−31.298	件 1 左端凹圆弧精加工程序
	G01 X40.0 S1200 F150	
	G03 X32.161 Z−23.0 R14.0	
N2	G01 X45.0	
	G70 P1 Q2	G70 精车指令
	G00 G40 X100.0 Z100.0 M05	返回刀具换刀点,停主轴
	M30	程序结束

表 5-18 加工件 1 内轮廓程序

工序 3:加工件 1 内轮廓及内螺纹		
程序号	程 序	简要说明
	O7004	程序名
	G21 G98 G40	程序初始化
	T0404 M03 S800	主轴正转,选择 4 号 55°内孔车刀
	G00 X11.0 Z2.0	快速定位至 ϕ11mm 直径,距离端面正向 2mm
	G71 U1.0 R0.5	用 G71 复合循环车件 1 内轮廓
	G71 P1 Q2 U−0.5 W0 F200	
N1	G00 G41 X33.0	件 1 内轮廓精加工程序
	G01 Z0 S1200 F150	
	G03 X26.0 Z−9.0 R15.0	
	G01 Z−11.0	
	X20.5 C1.0	
	Z−25.0	
	X12.0	
	Z−37.0	
N2	X11.0	
	G70 P1 Q2	
	G00 G40 Z100.0	
	T0505 S600	

表 5-19 加工件 2 右端外轮廓程序

加工件 2		
工序 4:用自定心卡盘夹持件 2 毛坯外圆并夹牢,工件伸出卡爪端面长度约 42mm,车右端外轮廓		
程序号	程 序	简要说明
	O7005	程序名
	G21 G98 G40	程序初始化
	T0202 M03 S1000	主轴正转,选择 2 号 35°成型车刀
	G00 X47.0 Z2.0	快速定位至 ϕ47mm 直径,距离端面正向 2mm
	G71 U2.0 R0.5	用 G71 复合循环车件 2 右端外轮廓
	G71 P1 Q2 U0.5 W0 F200	
N1	G00 X22.0	
	G01 Z0 S1200 F150	
	X24.0 Z−1.0	
	Z−27.0	
	X40.0	
	Z−40.0	
N2	X45.0	

续表

程序号	程　序	简要说明
	O7005	程序名
N2	G70 P1 Q2	用 G71 复合循环车件 2 右端外轮廓
	G00 X100.0 Z100.0	
	T0808 S800	
	G00 X42.0 Z−27.0	
	G01 X21.0 F30	
	G04 X2.0	
	G01 X24.0	
	Z−26.0	
	X22.0 Z−27.0	
	G00 X100.0	
	Z100.0	
	M05	
	M30	

表 5-20　　加工件 2 外轮廓程序

工序 5:圆弧刀车凹圆弧(以圆弧刀中心对刀编程)		
程序号	程　序	简要说明
	O7006	程序名
	G21 G98 G40	程序初始化
	T0707 M03 S600	主轴正转,选择 7 号圆弧车刀
	G00 X28.0 Z−6.5	快速定位至 ϕ27mm 直径,距离端面负向 6.5mm
	G71 U2.0 R0.5	用 G71 复合循环车件 2 右端凹圆弧
	G71 P1 Q2 U0.5 W0 F200	
N1	G01 G42 X24.0 S1000 F120	件 2 右端凹圆弧精加工程序
	G02 Z−18.5 R7.5	
N2	G01 X28.0	
	G70 P1 Q2	
	G00 G40 X100.0 Z100.0 M05	
	M30	
工序 6:掉头用自定心卡盘(垫铜皮)夹持 ϕ24mm 外圆并夹牢,车件 2 左端外轮廓		
程序号	程　序	简要说明
	O7007	程序名
	G21 G98 G40	程序初始化
	T0101 M03 S1000	主轴正转,选择 1 号 80°端面车刀
	G00 X47.0 Z5.0 M08	快速定位至 ϕ47mm 直径,距离端面正向 5mm
	G94 X0 Z1.0 F200	用 G94 端面固定循环车总长

续表

程序号	程　序	简要说明
	O7007	程序名
	Z0 F100	
	G00 X100.0 Z100.0	退到换刀点
	T0202	选择2号35°成型车刀
	G00 X47.0 Z2.0	快速定位至 ϕ47mm 直径，距离端面正向 2mm
	G73 U22.0 W0.1 R14.0	用 G73 复合循环车件2左端外轮廓
	G73 P1 Q2 U0.5 W0 F200	
N1	G00 G42 X0	件2左端外轮廓精加工程序
	G01 Z0 S1200 F100.0	
	G03 X10.392 Z−9.0 R6.0	
	G02 X13.856 Z−12.0 R2.0	
	G01 X19.8	
	X21.8 Z−13.0	
	Z−25.0	
	X26.0	
	W−2.0	
	G03 X33.02 Z−37.0 R15.0	
N2	G01 X45.0	

表 5-21　　加工件2车 *SR*100mm 圆弧程序

工序7：将件2与件1配合后车 *SR*100mm 圆弧

程序号	程　序	简要说明
	O7008	程序名
	G21 G98 G40	程序初始化
	T0101 M03 S1000	主轴正转，选择31号80°端面车刀
	G00 X47.0 Z5.0 M08	快速定位至 ϕ47mm 直径，距离端面正向 5mm
	G94 X0 Z0 F100	用 G94 端面固定循环车总长
	G00 G41 Z−1.84	快速定位至圆弧起点
	G01 X40.0	
	G02 X12.0 Z0 R100.0	车 *SR*100mm 圆弧
	G00 G40 X100.0 Z100.0 M05	返回刀具换刀点，停主轴
	M30	程序结束

【任务作业】

加工如图 5-21 所示零件。

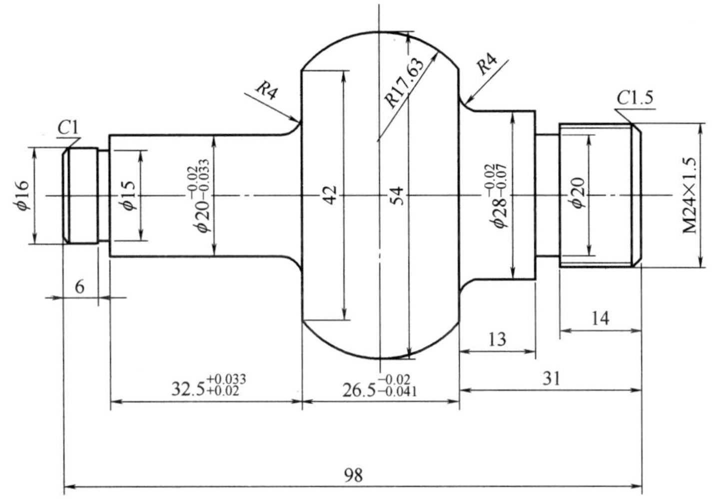

图 5-21　实训图

项目6 二次曲面零件加工

CHAPTER 6

【学习目标】

完成本学习任务后，你应当能：

◆ 掌握宏程序中变量的特点及应用。

◆ 掌握宏程序各语句及应用。

◆ 掌握宏程序在二次曲线中的应用原理。

◆ 能完成简单二次曲线轮廓轴的编程。

◆ 能完成简单二次曲线轮廓轴的仿真加工。

建议完成本学习任务为 8 课时。

【项目导读】

当被加工零件的轮廓为椭圆、双曲线等，常规的编程指令就不能完成了，需要使用宏程序，用户可以自己扩展数控系统的功能。通过该项目的学习，学生应掌握宏程序中变量的特点、各语句及应用原理，从而能完成简单的二次曲线轮廓轴的编程。

任务 6.1　系列零件的加工

【任务目标】

【知识目标】

1）掌握宏程序中变量的特点及应用。

2）掌握宏程序各语句及应用。

3）掌握宏程序在二次曲线中的应用原理。

【能力目标】

1）能完成简单二次曲线轮廓轴的编程。

2）能完成简单二次曲线轮廓轴的仿真加工。

宏程序用于系列零件的加工。如图 6-1 所示系列零件形状相同，但是部分尺寸不同，如果将这些不同的尺寸用宏变量表示，由程序自动将相关基点坐标进行计算则可用同一个

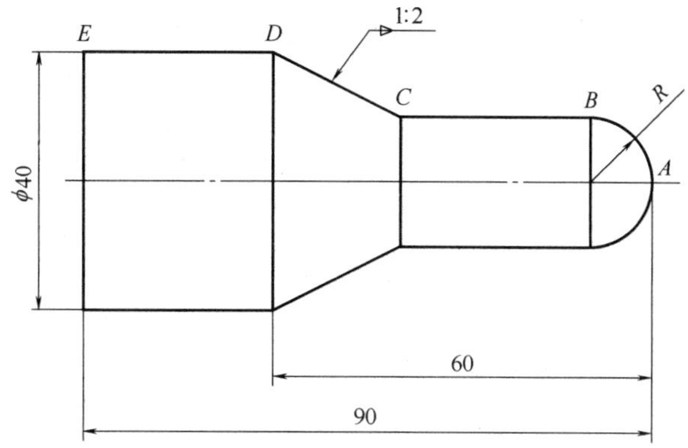

图 6-1 系列零件

程序完成一个系列零件的加工。

【知识链接】

6.1.1 宏程序编写方法

在数控编程中，宏程序编程灵活、高效、快捷。宏程序不仅可以实现像子程序那样，对编制相同加工操作的程序非常有用，还可以完成子程序无法实现的特殊功能，例如型腔加工宏程序、固定加工循环宏程序、球面加工宏程序、锥面加工宏程序等。

宏程序还可以实现系统参数的控制，如坐标系的读写、刀具偏置的读写、时间信息的读写、倍率开关的控制等。

（1）变量

普通加工程序直接用数值指定 G 代码和移动距离，例如 G100 和 X100.0。使用用户宏程序时，数值可以直接指定或用变量指定。当用变量时，变量值可用程序或用 MDI 面板上的操作改变。

＃1＝＃2＋100；

G01 X＃1 F0.3

（2）系统变量

系统变量用于读和写 NC 内部数据，例如刀具偏置值和当前位置数据。但是，某些系统变量只能读。系统变量是自动控制和通用加工程序开发的基础。

（3）算术和逻辑运算

表 6-1 列出的运算可以在变量中执行。运算符右边的表达式可包含常量和/或由函数或运算符组成的变量。表达式中的变量＃j 和＃k 可以用常数赋值。左边的变量也可以用表达式赋值。

（4）宏程序语句和 NC 语句

下面的程序段为宏程序语句：

包含算术或逻辑运算（＝）的程序段。

包含控制语句（例如 GOTO、DO、END）的程序段。

表 6-1 算术和逻辑运算

功　能	格　式	备　注
定义	#i=#j	
加法	#i=#j+#k	
减法	#i=#j-#k	
乘法	#i=#j*#k	
除法	#i=#j/#k	
正弦	#i=SIN[#j]	角度以度指定。90°30′表示为 90.5°
反正弦	#i=ASIN[#j]	
余弦	#i=COS[#j]	
反余弦	#i=ACOS[#j]	
正切	#i=TAN[#j]	
反正切	#i=ATAN[#j]/[#k]	
平方根	#i=SQRT[#j]	
绝对值	#i=ABS[#j]	
舍入	#i=ROUND[#j]	
上取整	#i=FIX[#j]	
下取整	#i=FUP[#j]	
自然对数	#i=LN[#j]	
指数函数	#i=EXP[#j]	
或异或与	#i=#j OR #k #i=#j XOR #k #i=#j AND #k	逻辑运算一位一位地按二进制数执行
从 BCD 转为 BIN 从 BIN 转为 BCD	#i=BIN[#j] #i=BCD[#j]	用于与 PMC 的信号交换

包含宏程序调用指令（例如用 G65、G66、G67 或其他 G 代码，M 代码调用宏程序）的程序段。

除了宏程序语句以外的任何程序段都为 NC 语句。

说明：

1）与 NC 语句的不同。即使置于单程序段运行方式，车床也不停止。但是，当参数 N0.6000#5SBM 设定为 1 时，在单程序段方式中车床停止。

在刀具半径补偿方式中宏程序语句段不作为不移动程序段处理。

2）与宏程序语句有相同性质的 NC 语句。如果 NPS（参数 N0.3450#4）为 1，满足以下条件时程序段中的 NC 语句可认为与宏程序语句性质相同。

含有子程序调用指令（例如用 M98 或其他 M 代码或用 T 代码调用子程序）但没有除 O、N 或 L 地址之外的其他地址指令的 NC 语句其性质与宏程序相同。

不包含除 O、N、P 或 L 以外的指令地址的程序段其性质与宏程序语句相同。

（5）转移和循环

在程序中，使用GOTO语句和IF语句可以改变控制的流向。有三种转移和循环操作可供使用：

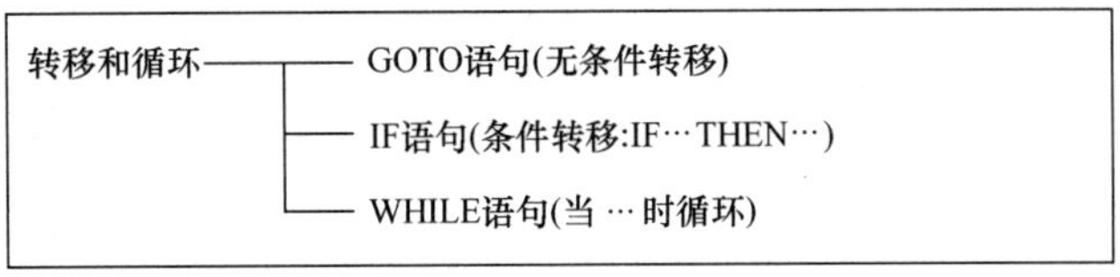

1）无条件转移（GOTO语句）。

转移到标有顺序号N的程序段。当指定1～99999以外的顺序号时，出现P/S报警No.128。可用表达式指定顺序号。

GOTOn；n：顺序号（1～99999）

例：

GOTO1；

GOTO＃10；

2）条件转移（IF语句）。

IF［＜条件表达式＞］GOTO n

如果指定的条件表达式满足时，转移到标有顺序号n的程序段。如果指定的条件表达式不满足，执行下个程序段。

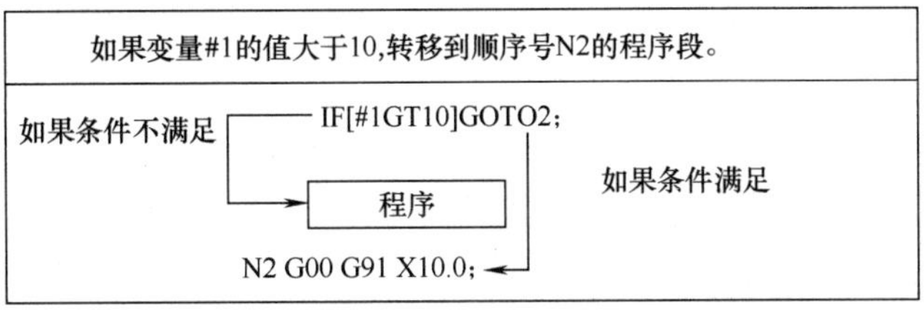

IF［＜条件表达式＞］THEN

如果条件表达式满足，执行先决定的宏程序语句，只执行一个宏程序语句。

说明：

① 条件表达式。条件表达式必须包括运算符。运算符插在两个变量中间或变量和常数中间，并且用括号（［,］）封闭。表达式可以替代变量。

② 运算符。如表6-2所示，运算符由2个字母组成，用于两个值的比较，以决定它们是相等还是一个值小于或大于另一个值。注意，不能使用不等符号。

表6-2　运算符

运算符	含义	运算符	含义
EQ	等于（＝）	GE	大于或等于（≥）
NE	不等于（≠）	LT	小于（＜）
GT	大于（＞）	LE	小于等于（≤）

③ 示例程序。下面的程序计算数值1～10的总和，如表6-3所示。

表 6-3　　求和

○ 0001	
＃1＝0；	存储和数变量的初值
＃2＝1；	被加数变量的初值
N1 IF[＃2 GT 10]GOTO2；	当被加数大于 10 时转移到 N2
＃1＝＃1＋＃2；	计算和数
＃2＝＃2＋＃1；	下一个被加数
GOTO1；	转到 N1
N2 M30；	程序结束

3）循环（WHILE 语句）。在 WHILE 后指定一个条件表达式，当指定条件满足时，执行从 DO 到 END 之间的程序。否则，转到 END 后的程序段。

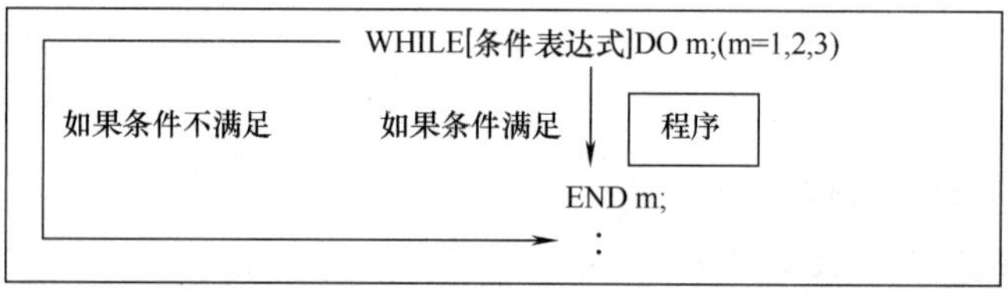

说明：当指定的条件满足时，执行 WHILE 从 DO 到 END 之间的程序。否则，转而执行 END 之后的程序段。这种指令格式适用于 IF 语句。DO 后的号和 END 后的号是指定程序执行范围的标号，标号值为 1、2、3。若用 1、2、3 以外的值会产生 P/S 报警 No. 126。

4）嵌套。在 DO-END 循环中的标号（1～3）可根据需要多次使用。但是，当程序有交叉重复循环（DO 范围的重叠）时，出现 P/S 报警 No. 124。

说明：

① 无限循环。当指定 DO 而没有指定 WHILE 语句时，产生从 DO 到 END 的无限循环。

② 处理时间。当在 GOTO 语句中有标号转移的语句时，进行顺序号检索。反向检索的时间要比正向检索长。用 WHILE 语句实现循环可减少处理时间。

③ 未定义的变量。在使用 EQ 或 NE 的条件表达式中，＜空＞和零有不同的效果。在其他形式的条件表达式中，＜空＞被当作零。

④ 示例程序。表 6-4 的程序计算数值 1 到 10 的总和。

（6）宏程序调用

1）可以用下面的方法调用宏程序。

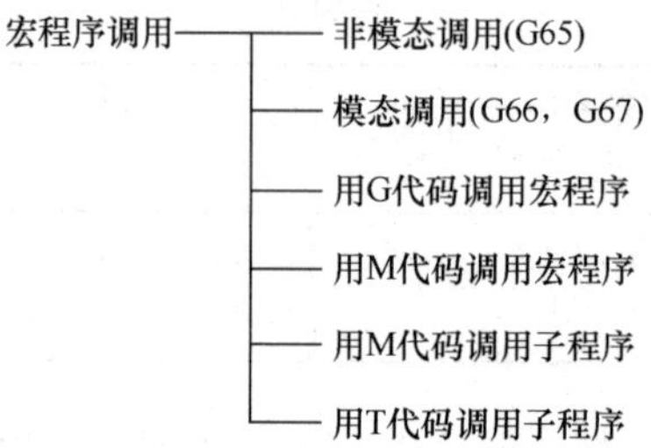

表 6-4 求和

O0001;
#1=0;
#2=1;
WHILE[#2 LE 10]DO 1;
#1=#1+#2;
#2=#2+1;
END 1;
M30;

2）宏程序调用和子程序调用之间的差别。

宏程序调用（G65）不同于子程序调用（M98），如下所述：

① 用 G65，可以指定自变量（数据传送到宏程序），M98 没有该功能。

② 当 M98 程序段包含另一个 NC 指令（例如，G01 X100.0 M98Pp）时，在指令执行之后调用子程序。相反，G65 无条件地调用宏程序。

③ M98 程序段包含另一个 NC 指令（例如，G01 X100.0 M98Pp）时，在单程序段方式中，车床停止。相反，G65 车床不停止。

④ 用 G65，改变局部变量的级别。用 M98，不改变局部变量的级别。

【任务实施】

6.1.2 宏程序编写示例

该系列零件的右端面半球球径可取 $R10$ 与 $R15$，可将球径用变量表示，编程原点设在工件右端面中心，毛坯直径 $\phi 45$mm。从图中可以看出编程所需基点 A、D、E 三点外，B、C 点均与球径 R 相关。各基点坐标如表 6-5 所示。程序如下所述。

表 6-5 各基点坐标

	X	Z
A	0	0
B	$2R$	$-R$
C	$2R$	$-[60-2*[40-2R]]$
D	40	-60
E	40	-90

```
O0034
T0101;
M03 S800;
G98;
G00 X42 Z0;
G71 U2 R1;
```

```
G71 P10 Q20 U0.5 W0 F150;
N10 G01 X0;
#1=10;
G03 X [2 * #1]  Z [-#1]  R [#1];
G01 Z [- [-60- [80-4 * #1] ] ];
G01 X40 Z-60;
N20 G01 Z-90;
G00 X100;
Z100;
M05;
M30
```

任务 6.2 典型二次曲面的加工

【任务目标】

【知识目标】

1）掌握宏程序编程的特点。

2）掌握宏程序在数控车削加工中的应用。

【能力目标】

1）能完成典型二次曲线轮廓零件的编程。

2）能完成典型二次曲线轮廓轴的仿真加工。

【知识链接】

6.2.1 典型二次曲面的编程

1）函数曲线加工通用宏程序。

① 任意曲线 $y=f(x)$ 的加工。

② 单调区间 x 由 x_1 变到 x_2。

方法一

```
%1001
#1=x1;                    初值
#2=f(x1);                 或者写成#2=f(#1)
WHILE #1 LE x2;           或者 WHILE #1 GE x2
  G01 X[#1] Y[#2];        到下一位置
  #1=#1+0.01;             X 增量 0.01
  ;或者#1=#1-0.01;        X 增量-0.01
  #2=f(#1);               计算下个点坐标
ENDW;                     退刀
```

```
M30
```

[实际应用中请用具体表达式代替 $f(x)$]

方法二

```
%1002
#1=x1;                          初值
#3=f(x1);                       或者写成#3=f(#1)
WHILE #1 LE x2;                 或者 WHILE #1 GE x2
  #2=#3;                        保存前一个点坐标
  #1=#1+0.01;                   X 增量 0.01
  ;或者#1=#1-0.01;              X 增量-0.01
  #3=f(#1);                     计算下个点坐标
  G91 G01 X[0.01] Y[#3-#2];     到下一位置
ENDW;                           退刀
M30
```

2）抛物线车削 1，如图 6-2 所示。

用宏程序编制如图 6-2 所示抛物线在 X 区间 [0，8] 内的程序。

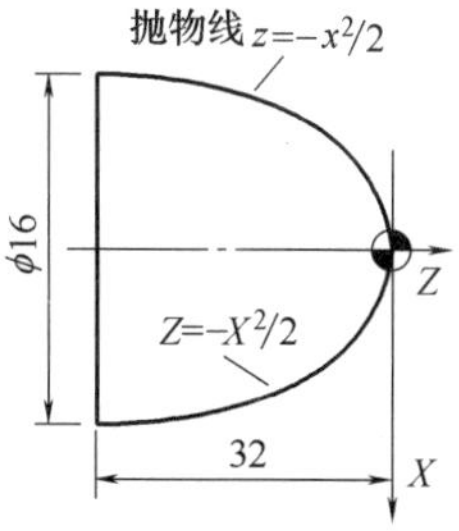

图 6-2　抛物线车削 1

```
%3401
T0101 G37 M03 S600;             G37 半径编程
#0=0;                           X 坐标,初值为 0
#1=0;                           Z 坐标,初值为 0
WHILE #0 LE 8
  G90G01X[#0]Z[-#1]F200
  #0=#0+0.08
  #1=#0*#0/2
ENDW
G00 X40
Z80 M05
M30
```

3）抛物线车削 2，如图 6-3 所示。

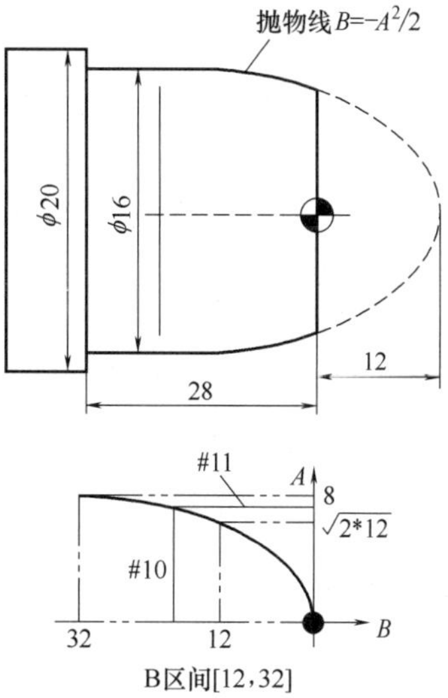

图 6-3　抛物线车削 2

```
%0342
T0101 M03 S600
G00 X20.5 Z2
#11=12;                         B 初值
#10=SQRT[2*#11];                A 初值
WHILE #10 LE 8
  G90G01 X[2*#10] Z[12-#11] F200
  #10=#10+0.1
  #11=#10*#10/2
```

```
ENDW
G01 X16 Z[-32+12]
Z-28
U4
G00 X20.5 Z2 M05
M30
```

4）抛物线车削 3，如图 6-4 所示。

```
%0342
T0101 M03 S600
G00 X35 Z3
G01 X18 F100
Z-8
#11=12;                          B 初值
#10=SQRT[2*#11];                 A 初值
WHILE #11 LE 32
  G90G01X[2*[#10+3]]Z[4-#11]F500
  #11=#11+0.06
#10=SQRT[2*#11]
ENDW
G01 X22 Z-28
Z-30
X30
Z-35
G00 X35 Z3
M30
```

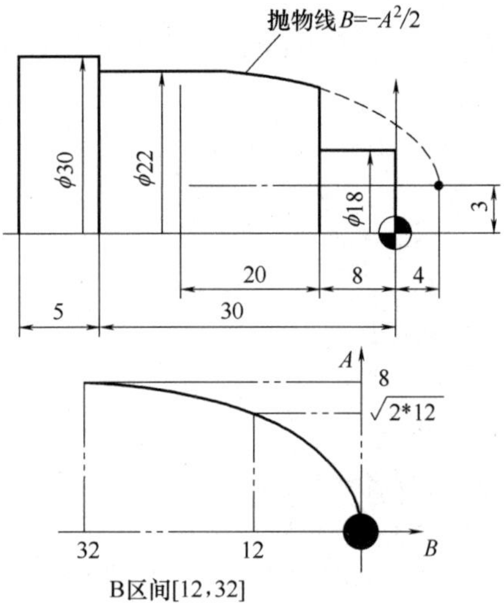

图 6-4 抛物线车削 3

5）抛物线车削 4，如图 6-5 所示。

```
%0001
T0101 M03 S800
G92 X100 Z50
G64 G00 X36 Z4
#11=32;                          B 初值
#10=SQRT[2*#11];                 A 初值
WHILE #11 GT 0
G01X[20+2*#10]Z[#11-38]
#11=#11-0.2
#10=SQRT[2*#11]
ENDW
G01 X20 Z-38
G00 X18
```

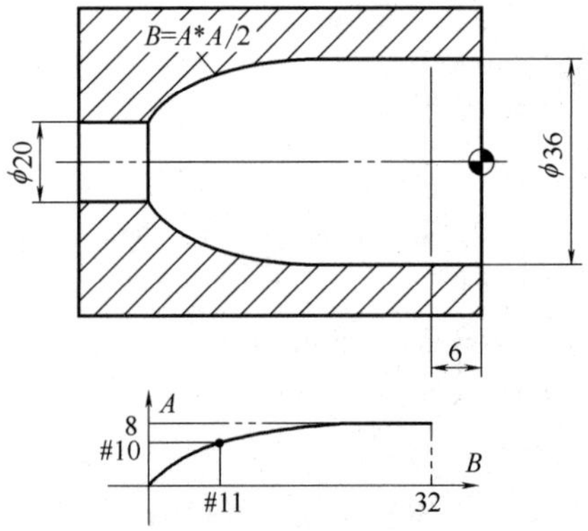

图 6-5 抛物线车削 4

```
Z4
X100 Z50
M30
```

6）抛物线车削 5（G71 与宏程序），如图 6-6 所示。

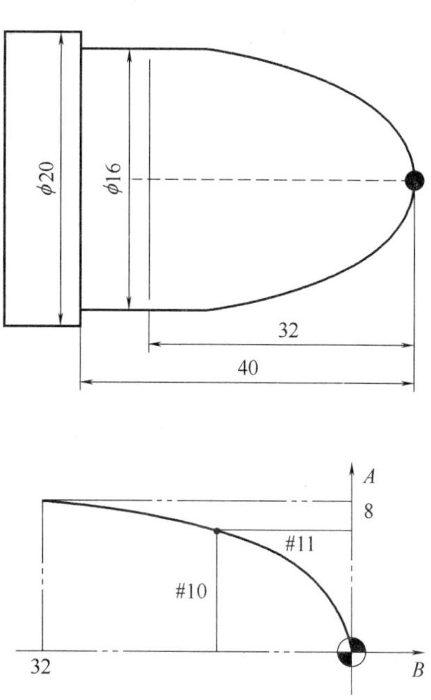

抛物线$B=-A^2/2$ 在A区间[0,8]

图 6-6　抛物线车削 5

这个例子中应用了 G71 复合循环与宏程序配合完成粗精加工。

G71 参数简介：

G71 U _ R _ P _ Q _ X _ Z _ F _ S _ T _

U：背吃刀量；R：每次退刀量；P：起始段号；Q：结束段号；X、Z：精加工余量；F、S、T：粗车时有效，精车时以精车程序为准。

```
%3402
T0101 M03 S600
G00 X21 Z2
G71  U0.5  R1  P11  Q22  X0.6  Z0.1
F100 S600
N11 G01 X0 S1200;          精加工,起始
#10=0;                     A 坐标,初值为 0
#11=0;                     B 坐标,初值为 0
WHILE #10 LE 8
  G01 X[2*#10] Z[-#11] F50
  #10=#10+0.1;             A 坐标增量 0.1
  #11=#10*#10/2;           更新 B 坐标
ENDW
G01 X16 Z-32
Z-40
N22 G00 X20.5              精加工,结束
X21 Z2
M30
```

7）抛物线车削 6，如图 6-7 所示。

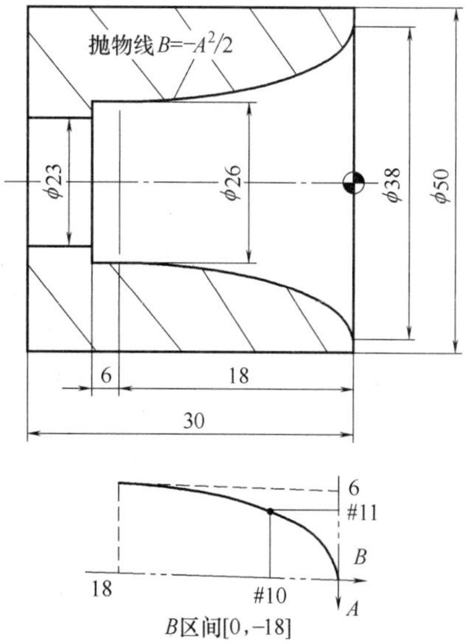

图 6-7　抛物线车削 6

```
%3404
T0101 M03 S600
G92 X80 Z30
G00 X20 Z3
G71 U0.6 R0.6 P6 Q14 X-0.6 Z0.1 F100
N6 G01 X38
#11=0;                     B 初值
```

```
#10=0                       A 初值
WHILE #11 LE 18
G01X[38-2*#10]Z[-#11]F100
#11=#11+0.5
#10=SQRT[#11*2]
ENDW
G01 X26 Z-18
N14 G01 Z-24
X22
G00 Z5
X80 Z30 M05
M30
```

8）正弦线车削，如图 6-8 所示。

```
%3404
M03 S600 T0101
G92 X80 Z30
G00 X25 Z3
G71 U0.6 R0.6 P6 Q13 X0.8 F100
N6 G0 X17
#11=0
WHILE #11 GE-25
#9=#11*PI/10
#10=3.5*SIN[#9]
G01X[17-2*#10]Z[#11]F100
#11=#11-0.5
N13 ENDW
G01 X24 Z-25
Z-30
X30
G00 X80 Z30
M30
```

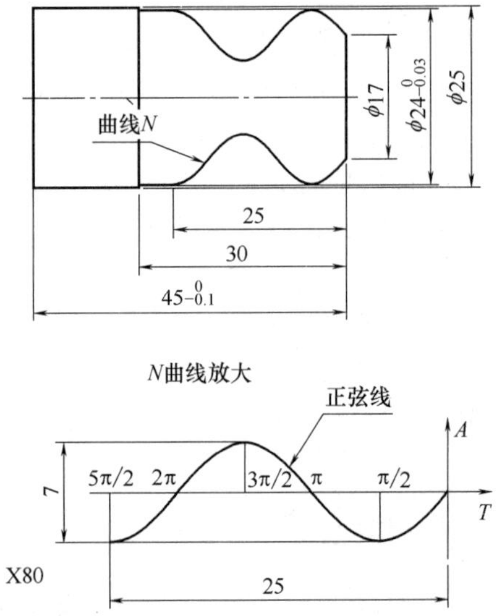

图 6-8 正弦线车削

9）抛物线与椭圆车削，如图 6-9 所示。

```
%8002
G92 X50 Z100
M98 P8001 A8 B5 C4 U32 V40 W55
G36 G90 X50 Z0
M30
%8001
G64 G37                     连续切削，半径编程
```

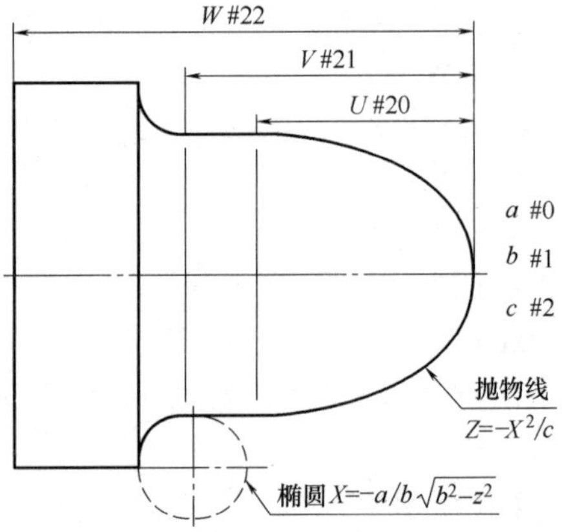

图 6-9 抛物线与椭圆车削

```
#10=0 #11=0                                   抛物线起点
WHILE #11 LE #20
G01 X[#10] Z[-#11] F150
#10=#10+0.08                                  抛物线X增量
#11=#10*#10/#2                                计算抛物线Z
ENDW
#50= SQRT[#20*#2]                             抛物线与椭圆交接处半径
G01 X[#50] Z[-#20]                            抛物线终点
G01Z[-#21]                                    直线终点
#12=0 #13=0                                   椭圆起点
WHILE #13 LE #1
#12=#0/#1*SQRT[#1*#1-#13*#13]                 椭圆X增量
G01 X[#50+#0-#12] Z[-#21-#13]
#13=#13+0.08                                  椭圆Z增量
ENDW
G01 X[#50+#0] Z[-#21-#1]                      (椭圆终点)
Z[-#22]
U2
G0 X50 Z100
M99
```

10）椭圆粗、精车削，如图 6-10 所示。走刀路线如图 6-11 所示。

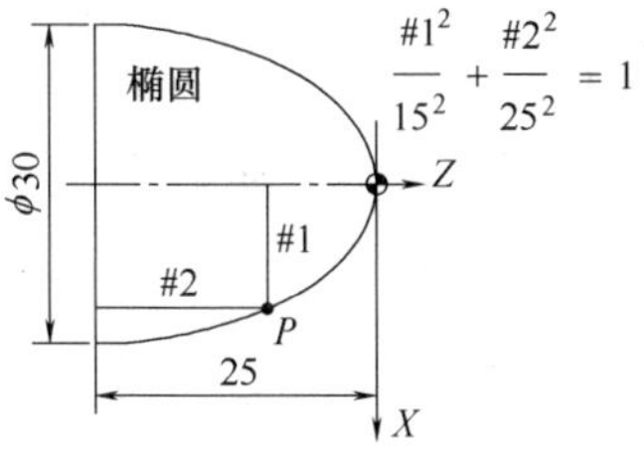

图 6-10　椭圆粗、精车削

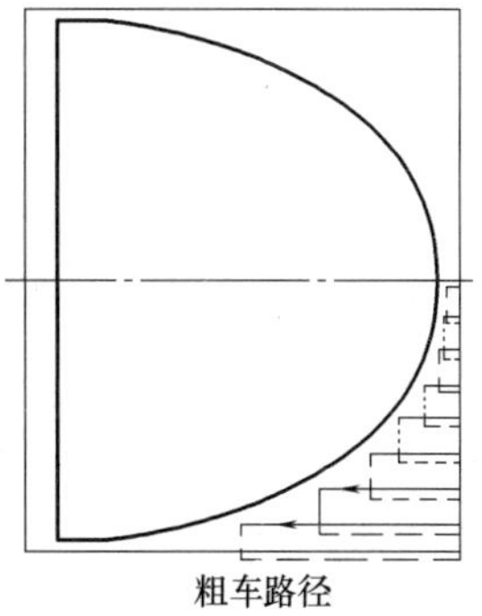

图 6-11　椭圆粗车走刀路线

```
%100
M03 T0101 S600
G00 X32 Z2                       粗车
#1=15
#2=0
WHILE #1 GE 1                    还可以车一刀(2mm)
  #1=#1-1
```

```
  #2=25/15*SQRT[15*15-#1*#1]
  G00 X[#1*2+0.5]                 转为直径编程并留精车余量0.5
  G01 Z[#2-25] F150
  G91 X1
  G90 Z2
ENDW
G00 X0 S1200                      精车
#1=0
#2=25
WHILE #1 LE 15
  G01 X[#1*2] Z[#2-25] F80
  #1=#1+0.1
  #2=25/15*SQRT[15*15-#1*#1]
ENDW
G01 X32
G00 X50 Z100
M30
```

6.2.2 综合实例

案例：编制如图6-12所示椭圆配合零件的数控车床加工程序并加工，材料为45钢，毛坯尺寸为ϕ50mm×107mm和ϕ50mm×56mm。

（1）案例分析

本例工件是一个两件组合件。加工时先加工件二的左端；然后在件一毛坯钻出直径为ϕ20mm，深30mm的底孔，调头以毛坯表面作为装夹表面，加工件一的左端及梯形槽达图纸要求，工件调头后以已加工的ϕ35mm外圆作为装夹表面，加工右端内轮廓及螺纹等达图纸要求，不拆除工件，将件二与件一进行配合，保证配合精度。最后加工件一与件二外轮廓达图纸要求。

（2）数控加工工艺卡（表6-6）

（3）相关计算

外螺纹总切深：$h=0.6495P=0.6495\times1.5\approx0.974$mm

内螺纹总切深：$h=0.5413P=0.5413\times1.5\approx0.812$mm

（4）参考程序（表6-7）

（5）操作步骤

1）开机，回参考点。

2）装夹（件二）毛坯和刀具。

3）试切法对刀。

4）编写并输入（件二）左端加工程序，检查程序。

5）单步加工无误后自动连续加工。

6）测量，修改磨损值后加工。

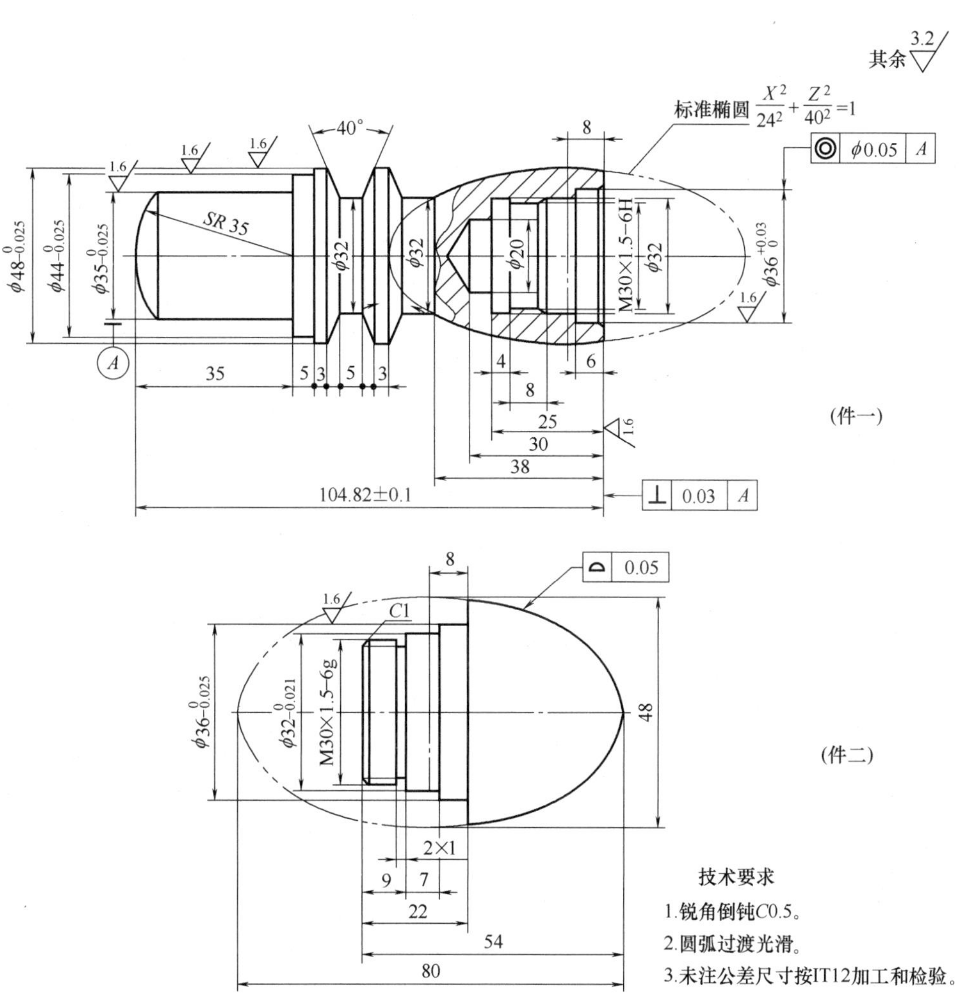

图 6-12　椭圆配合零件

表 6-6　　　　　　数控车床加工工艺卡

零件图号		数控车床加工工艺卡片		设备型号	设备编号
零件名称	组合零件 2			CKA6140	02
刀具表		量具表		工具表	
T01	93°外圆车刀	1	游标卡尺(0～150)mm	1	螺纹对刀样板
T02	外沟槽车刀(刀宽 2mm)	2	外径千分尺(25～50)mm	2	0.2mm 厚铜皮
T03	外沟槽车刀(刀宽 5mm)	3	螺纹环规(M30×1.5—6H)	3	垫刀片若干
T04	三角形外螺纹车刀(牙型角为 60°)	4	内径表(18～35)mm	4	常用车床辅具
T05	盲孔车刀	5	螺纹塞规(M30×1.5—6g)	5	计算器(具有函数功能)
T06	内沟槽车刀(刀宽 4mm)	6	万能角度尺(0～320°)		
T07	三角形内螺纹车刀(牙型角为 60°)				

续表

序号	工艺内容	切削用量		
		主轴转速/(r/min)	进给速度/(mm/r)	背吃刀量/(mm)
1	用三爪卡盘夹持(件二)毛坯外圆,伸出长约 30mm,找正后夹紧			
2	手动车左端面(Z 向对刀)	600		
3	粗车(件二)左端外轮廓,留加工余量 0.3mm	600	0.2	1.5
4	精车(件二)左端外轮廓达图纸要求	1200	0.05	0.3
5	车退刀槽	500	0.15	2
6	车外螺纹 M30×1.5—6g 达图纸要求	500	1.5	单刃进刀
7	用三爪卡盘夹持件一毛坯外圆,车端面并用 ϕ20mm 的钻头钻孔,深 30mm	400		10
8	调头夹(件一)毛坯外圆,伸出长约 65mm,找正并夹紧,手动车左端面(Z 向对刀)	600		
9	粗车(件一)左端外轮廓,留加工余量 0.3mm	600	0.2	1.5
10	精车(件一)左端外轮廓达图纸要求	1200	0.05	0.3
11	粗、精加工(件一)左端的梯形槽达要求	500	0.05	
12	调头夹(件一)ϕ38mm 外圆,手动车右端面(Z 向对刀)	600		
13	粗车(件一)右端内轮廓,留加工余量 0.3mm	600	0.2	1.0
14	精车(件一)右端内轮廓达图纸要求	1000	0.05	0.3
15	车退刀槽	500	0.15	3.0
16	车内螺纹 M30×1.5—6H 达图纸要求	500	1.5	单侧刃进刀
17	不拆除件一,将件二与件一进行配合			
18	手动车右端面(Z 向对刀)	600		
19	粗车(件一)及(件二)外轮廓,留加工余量单边 0.3mm	600	0.2	1.0
20	精车(件一)及(件二)外轮廓达图纸要求	1000	0.05	0.3
21	工件精度检测			
			共 1 页 第 1 页	

表 6-7　　椭圆配合零件加工程序

程　　序	注　　释
件二左端加工程序	
O6181	程序名
N10 G21 G40 G99	程序初始化
N20 T0101	换 1 号外圆车刀,导入 1 号刀补
N30 M03 S600	主轴正转,转速 600r/min
N40 M08	切削液开
N50 G00 X52.0 Z2.0	快速到达循环起点

续表

程　　序	注　　释
N60 G71 U1.5 R0.5	外圆粗车循环，加工路线 N80～N160，X 向精车余量 0.3mm，Z 向无精车余量，粗加工进给量 0.2mm/r
N70 G71 P80 Q160 U0.3 WO.0 F0.2	
N80 G00 X27.8 S1200 F0.05	精加工轮廓起点，设置精加工参数
N90 G01 Z0	精加工轮廓描述
N100 X29.8 Z−1.0	
N110 Z−9.0	
N120 X32.0	
N130 Z−16.0	
N140 X36.0	
N150 Z−22.0	
N160 X51.0	
N170 G70 P80 Q160	精加工外轮廓
N180 G00 X100.0 Z200.0	刀具快速退至换刀点
N190 T0202 S500	换 2 号切槽刀，导入刀具刀补
N200 G00 X35.0 Z−9.0	快速定位至切槽起刀点
N210 G01 X28.0 F0.15	切槽
N220 X32.0	退刀
N230 G00 X100.0 Z200.0	刀具快速退回至换刀点
N240 T0404	换 4 号螺纹车刀，导入 4 号刀补
N250 S600	主轴变速，转速 600r/min
N260 G00 X32.0 Z2.0	快速定位至螺纹循环起点
N270 G76 P020560 Q50 R0.05	调用螺纹切削复合循环 G76 车螺纹，设置加工参数
N280 G76 X28.10 Z−8.0 R0 P975 Q400 F1.5	
N290 G00 X100.0	刀具沿径向快速退出
N300 Z150.0	刀具沿轴向快速退出
N310 M30	主程序结束并返回程序起点
件一左端加工程序	
O6182	程序名
N10 G21 G40 G99	程序初始化
N20 T0101	换 1 号外圆车刀，导入 1 号刀补
N30 M03 S600	主轴正转，转速 600r/min
N40 M08	切削液开
N50 G00 X52.0 Z2.0	快速到达循环起点
N60 G71 U1.5 R0.5	外圆粗车循环，加工路线 N80～N150，X 向精车余量 0.3mm，Z 向无精车余量，粗加工进给量 0.2mm/r
N70 G71 P80 Q150 U0.3 WO F0.2	
N80 G00 X0 S1200 F0.05	精加工轮廓起点，设置精加工参数

续表

程　序	注　释
N90 G01 Z0	精加工轮廓描述
N100 G03 X35.0 Z−5.0 R35.0	
N110 G01 Z−35.0	
N120 X44.0	
N130 Z−40.0	
N140 X48.0	
N150 Z−60.0	
N160 G70 P80 Q150	精车外轮廓
N170 G00 X100.0 Z150.0	刀具快速退至换刀点
N180 S500	主轴变速，转速 500r/min
N190 T0303	换 3 号车槽刀，导入 3 号刀补
N200 G00 X50.0 Z−50.91	粗车槽
N210 G01 X32.0 F0.05	
N220 X48.0	
N230 Z−48.0	
N240 X32.0 Z−50.91	精车槽
N250 X48.0	
N260 Z−53.82	
N270 X32.0 Z−50.91	
N280 X50.0	
N290 G00 X100.0	刀具沿径向快速退出
N300 Z150.0	刀具沿轴向快速退出
N310 M05 M09	主轴停转，切削液关
N320 M30	主程序结束并返回程序起点
件一右端加工程序	
O6183	程序名
N10 G40 G21 G99	程序初始化
N20 M03 S600	主轴正转，转速 600r/min
N30 T0202 M08	换 2 号内孔刀，导入刀具刀补，切削液开
N40 G00 X20.0 Z3.0	快速定位至循环起点
N50 G71 U1.0 R0.5	调用内径粗车循环，设置加工参数
N60 G71 P70 Q150 U−0.2 W0 F0.2	
N70 G01 X37.0 Z0 F0.05 S1000	精加工轮廓起点，设置精加工参数
N80 X36.0 Z−0.5	精加工轮廓描述
N90 Z−6.0	
N100 X32.0	

续表

程　　序	注　　释
N110 Z−13.0	精加工轮廓描述
N120 X30.5	
N130 X28.5 Z−14.0	
N140 Z−25.0	
N150 X20.0	
N160 G70 P70 Q150	精加工内轮廓
N160 M05	主轴停转
N170 M00	程序暂停，对加工后的轮廓进行测量
N180 M03 S500	主轴正转，转速 500r/min
N190 T0303 M08	换 3 号内沟槽刀，导入刀具刀补
N200 G00 X26.0 Z5.0	快速接近工件
N210 Z−25.0	到达切槽起点
N220 G01 X32.0 F0.15	第一次切槽
N230 X26.0	退刀
N240 Z−24.0	刀具沿 *Z* 向移动
N250 X32.0	第二次切槽
N260 X26.0	退刀
N270 G00 Z150.0	刀具沿轴向快速退出
N280 X100.0	刀具沿径向快速退出
N290 T0404	换 4 号内螺纹刀，导入刀具刀补
N300 G00 X25.0 Z5.0	定位至螺纹循环起点
N310 G76 P020560 Q50 R−0.05	调用螺纹切削复合循环 G76 车螺纹，设置加工参数
N320 G76 X30.0 Z−23.0 R0 P810 Q400 F1.5	
N330 G00 Z150.0	刀具沿轴向快速退出
N340 X100.0	刀具沿径向快速退出
N350 M30	主程序结束并返回程序起点
件一件二配合后加工程序	
O6184	程序名
N10 M03 S600	主轴正转，转速 600r/min
N20 T0101	换 1 号外圆车刀，导入 1 号刀补
N30 G00 X80.0 Z2.0	快速到达循环起点
N40 G73 U25.0 W0 R10	调用平移粗车循环，设置加工参数
N50 G73 P60 Q150 U0.2 WO F0.1	
N60 G01 X0 Z0 S1000 F0.05	精加工轮廓起点，精加工参数设置
N70 #1=40.0	赋长轴坐标（*Z* 坐标）初值
N80 #2=24.0*SQRT[1600.0−#1*#1]/40.0	根据椭圆方程计算 *X* 坐标的绝对值

续表

程　　序	注　　释
N90 #3=2*#2	
N100 #4=#1-40.0	
N110 G01 X#3 Z#4 F0.1	直线拟合加工椭圆
N120 #1=#1-0.05	加工循环步距赋值
N130 IF [#1 GE -30.0] GOTO80	设置粗加工循环跳转语句
N140 G01 Z-77.09	加工 ϕ32 的圆柱
N150 X48.0 Z-80.0	加工锥面，精加工轮廓结束
N160 G70 P60 Q150	精加工外轮廓
N140 G00 X100.0	刀具沿径向快速退出
N150 Z150.0	刀具沿轴向快速退出
N160 M30	主程序结束并返回程序起点

7）测量合格后卸下（件二）。

8）装夹（件一）毛坯，编写并输入（件一）左端加工程序，检查程序。

9）单步加工无误后自动连续加工。

10）测量，修改磨损值后加工。

11）测量合格后卸下（件一）。

12）调头装夹（件一），编写并输入（件一）右端加工程序，检查程序。

13）单步加工无误后自动连续加工。

14）测量，修改磨损值后加工。

15）不拆除（件一），将（件二）与之组合，编写并输入组合后加工程序，检查程序。

16）单步加工无误后自动连续加工。

17）测量合格后卸下工件。

18）数控车床的维护保养及场地的清扫。

【任务作业】

1. 试使用变量和语句编写如图 6-13 所示零件的数控加工宏程序。

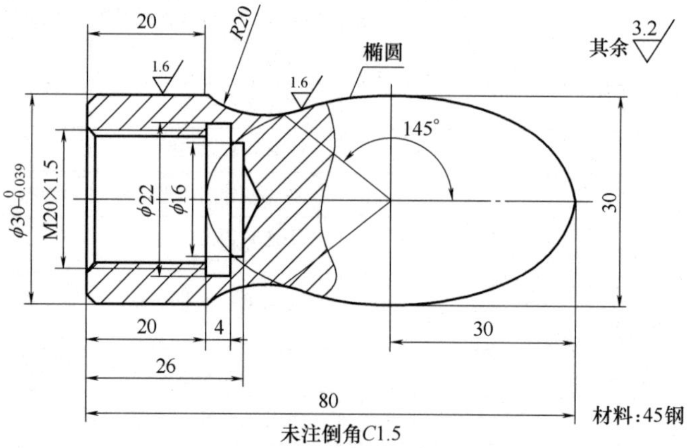

图 6-13　练习图一

2. 试使用变量和语句编写如图 6-14 所示零件的数控加工程序。

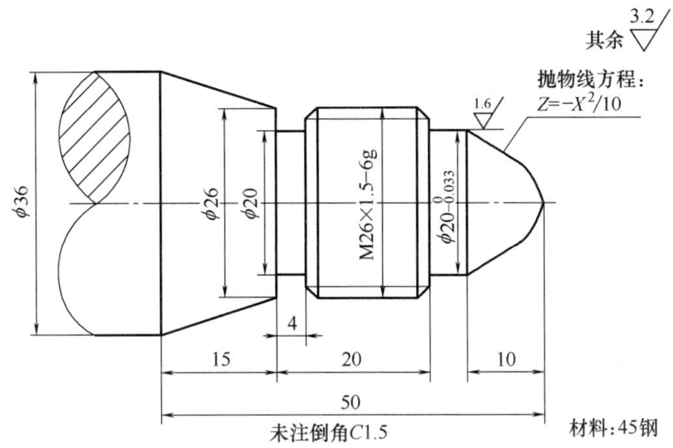

图 6-14　练习图二

参考文献

[1] 周虹，等. FANUC-0i 系统数控编程与操作［M］. 北京：化学工业出版社，2004.

[2] 叶百生. 华中数控系统编程与操作手册［M］北京：机械工业出版社，2010.

[3] 艾兴，等. 高速切削加工技术［M］. 北京：国防工业出版社，2014.

[4] 刘蔡保. 数控车床编程与操作［M］. 北京：化学工业出版社，2019.

[5] 卢秉恒. 机械制造技术基础［M］. 北京：机械工业出版社，2018.

[6] 王先逵. 机械制造工艺学［M］. 北京：机械工业出版社，2019.

[7] 郑晓峰. 数控技术及应用［M］. 北京：机械工业出版社，2017.

[8] 程俊兰等. 数控加工工艺与编程［M］. 北京：电子工业出版社，2015.

[9] 朱晓春. 数控技术［M］. 北京：机械工业出版社，2019.

[10] （美）彼得·斯密德. FANUC 数控系统用户宏程序与编程技巧［M］. 北京：化学工业出版社，2016.